gutes leben
bene!

Pater Walter Maader

HÖHENFLÜGE UND BRUCHLANDUNGEN

Der dienstälteste Flughafenseelsorger
Deutschlands erzählt

D-ABFI
BOEING 72
31

Meinen selbstlosen und treuen
Helferinnen und Helfern im Dienst
für die Menschen unterwegs
und in der Welt der Arbeit.

Aus heiterem Himmel

Als ich das erste Mal in meinem Leben feindliche Flugzeuge bedrohlich nahe sehe, habe ich keine Zeit, sie genauer zu betrachten. Ich bin 16 Jahre alt und fürchte um mein Leben. In den ersten Frühlingstagen des letzten Kriegsjahres 1945 ist am Himmel über Würzburg die Hölle los. Riesige Bomberverbände greifen die Stadt an, laden ihre todbringende Fracht ab und verschwinden wieder. Einmal, zweimal, dreimal wogt eine Angriffswelle. Zigtausende Stabbrandbomben und dazwischen schwere Luftminen regnen vom Himmel – sie bringen den Tod. Als der Angriff vorüber ist und die ganze Stadt wie eine riesige Fackel brennt, bricht Panik aus. Rette sich, wer kann! Nichts wie weg! Raus aufs Land, in die umliegenden Ortschaften.

Unser Haus wurde nicht getroffen. Es liegt am Stadtrand. Aber alle unsere Verwandten leben in der Stadtmitte, dort sind fast alle Häuser zerstört. Als das Schlimmste vorüber ist, beginnen wir mit der Suche nach ihnen. Die meisten haben in ihren Kellern überlebt, auch unsere Oma. Aber uns ist klar: Das ist noch nicht alles. Mit weiteren Attacken ist zu rechnen. Also nichts wie raus aus der Stadt. Nur weniges können wir mitnehmen.

Oma soll mit uns nach Rottendorf, weit weg von der brennenden Stadt. Wir finden einen herrenlosen, klapprigen Leiterwagen, setzen die Oma auf die Ladefläche, legen unsere wenigen Habseligkeiten dazu und ziehen los. Ich an der Deichsel, die Mutter schiebt. Unser Weg führt im Zickzack durch die Trümmer, die auf der Straße liegen. Dann erreichen wir das freie Feld. Da wird es richtig gefährlich.

Tiefflieger greifen uns an. Meine Mutter und ich suchen am Straßenrand Deckung, rollen uns eine Böschung hinunter, bis uns Sträucher Sichtschutz gewähren, und warten ab, bis der Angriff vorüber ist. Oma sitzt im Leiterwagen, der auf der Straße steht.

Die MG-Salven rattern über uns hinweg.

So überraschend wie der Angriff kam, so schnell ist er auch wieder vorüber. Als das Knattern aufhört, blicke ich hoch, am ganzen Leib zitternd – schaue meine Mutter mit angsterfüllten Augen an und stelle erleichtert fest: Niemand von uns dreien ist verletzt.

Es geht weiter. Niemand sagt ein Wort. Das Zittern in den Knien lässt langsam nach. Noch einige Male landen wir an diesem Tag im Straßengraben, suchen Deckung vor den Tieffliegern. Endlich sind die acht Kilometer bis Rottendorf geschafft.

Bei einem zweiten großen Angriff auf Würzburg wird unser Haus, wie viele andere, die den ersten Angriff einigermaßen heil überstanden haben, total zerstört. Von der Stadt sind nur hohläugige Fassaden übrig, und kaum jemand hat noch ein Dach über dem Kopf. Gott sei Dank, wir sind noch am Leben. In Rottendorf finden wir als Ausgebombte, so nennt man diejenigen, deren Häuser zerstört und damit unbewohnbar sind, Unterschlupf. Aber wir sind beileibe nicht die Einzigen, die mit ihren wenigen Habseligkeiten den Weg zwischen Bombenkratern und Schutthaufen hindurch bis hierher gefunden haben. Jede Menge Menschen drängen sich auf engem Raum, die Stimmung schwankt zwischen der Erleichterung, dem Inferno entkommen zu sein, und der Angst vor der Ungewissheit. Wie wird es weitergehen? Was wird noch kommen? Immer wieder schauen wir nervös zum Himmel. Sonnenschein und blauer Himmel sind wunderbar, aber dichte Wolken wären uns momentan lieber, denn dann hätten wir etwas Sichtschutz, wenn es zu weiteren Angriffen aus der Luft kommt.

Die Ereignisse vor mehr als einem Dreivierteljahrhundert haben sich in mein Gedächtnis gebrannt. Seit diesem Tag, als ich mit meiner Mutter um mein Leben rannte und, gemeinsam mit meiner Oma, dem Tod entging, lebe ich sozusagen auf Abruf, und zwar bis heute, nach einem erfüllten Leben, das so nicht hätte folgen müssen. Auf meinem späteren Weg als Seelsorger, als Priester, als Pater der vom heiligen Vinzenz Pallotti gegründeten religiösen Priestergemeinschaft, begleitet mich diese Gewissheit: Das Leben ist ein reines Geschenk! Es hängt an einem seidenen Faden. Keiner kann den spinnen, nur Gott allein.

Ich bin der dienstälteste Flughafenseelsorger Deutschlands. 1972 habe ich am Flughafen Frankfurt am Main meinen Dienst angetreten. An einem Ort voller Hektik und Sehnsucht, Freude und Leid, Leichtigkeit und Druck. Und ich habe seitdem eine Menge Flugzeuge am Himmel gesehen. Wie damals, aber mit ganz anderen Augen.

Der Kranich der Lufthansa am Heck einer Maschine und gleich daneben, an den nächsten Gangways, die Symbole der American Airlines, der British Airways oder der Air France. Ich muss mich vor nichts und niemandem mehr verstecken. Es herrscht seit langer Zeit Frieden, zumindest in unserem Land. Ich bin dankbar und froh, dass ich am Flughafen jahrzehntelang den Menschen dienen konnte.

In diesem Buch erzähle ich von Höhenflügen und Bruchlandungen, von riskanten Flugmanövern, Turbulenzen und sensationellen Aussichten. Schön, dass Sie mitfliegen.

Abflug und Ankunft

Flughäfen sind ein Gleichnis für das Leben: Kommen und Gehen, Landen und Abflug. 1500 Flugbewegungen waren es zeitweilig allein in Frankfurt, an einem Tag, 150 000 Fluggäste und 50 000 Menschen, die jemanden hinbringen oder abholen. Normalerweise. Es fällt schwer, mir den ausgebremsten Flugbetrieb während der Corona-Pandemie bildlich vorzustellen. Die wenigen Menschen in den weiten Hallen. Der Eindruck, den vielen metallenen Vögeln seien die Flügel erlahmt. Die stillstehenden Gepäckförderbänder. Die spärlich besuchten Geschäfte, Cafés und Restaurants – und die ausgestorbene Flughafenkapelle.

In lausigen wie in sorgloseren Zeiten gilt: Wer fliegt, erlebt einen Abflug und dann eine Landung. Und wer am Flughafen arbeitet, egal, ob als Fluglotse, Zollbeamter oder Seelsorger, erlebt das andersherum. Zunächst die Ankunft, die Leute sind auf einmal da, und dann fliegen oder fahren sie weiter. Ein Flughafen ist nie das Ziel. Man kommt nicht wegen des Airports nach Frankfurt, sondern um in Deutschland etwas zu erleben oder zu erledigen. Das Ziel der Reise ist ein geschäftlicher Anlass, ein Verwandtenbesuch, ein Urlaub.

Darin gleicht ein Flughafen dem Alltag. Wir durcheilen ihn. Das Leben, wie wir es auf der Erde führen, ist ein Dazwischen. Abflug und Ankunft, Anfang und Ende, langatmiges Warten und kurzzeitiger Trubel. Begrüßung und Abschied, entspannte Stunden und ärgerliche Vorfälle, außerdem vieles, was nicht vorhersehbar oder planbar ist.

Wie zum Beispiel der Auftrag vom damaligen Bischof Wilhelm Kempf von Limburg und dem Provinzial Pater Ludwig Münz SAC an mich, eine Seelsorgestelle am Frankfurter Flughafen aufzubauen. Bis dahin hatte ich noch nie einen Flughafen betreten, nie ein Flugzeug von innen gesehen. Und es gab keine religiös geprägte Tätigkeit auf einem deutschen Airport. Ob ich dafür der richtige Mann bin, wie mein Vorgesetzter, der Provinzial der Pallottiner, meinte, weiß ich nicht. Wenn ein Bischof anfragt, sagt man Ja und Amen. So habe ich es gelernt. Es wird grundsätzlich nicht viel nachgefragt in der katholischen Kirche der frühen Siebzigerjahre des letzten Jahrhunderts. Wer geweiht ist, hat zu parieren. Das habe ich versprochen, darauf bin ich gefasst. Auf die Frage, ob mir das im Innersten entspricht, komme ich gar nicht. Der Blickwinkel fehlte in unserer Ausbildung völlig.

Ich werde also gerufen und melde mich beim Bischof. Der empfängt mich in seinem ehrfurchtgebietenden Arbeitszimmer und reicht mir die Ernennungsurkunde über den Schreibtisch. »Was habe ich als Flughafenseelsorger im Einzelnen zu tun?«, erkundige ich mich. »Das weiß ich auch nicht«, entgegnet er. »Es gibt so etwas in Deutschland bislang nicht. Probieren Sie aus, was möglich ist. Wenn es nicht gelingt, können wir die Sache wieder abblasen.« Mit diesen Sätzen und einem Segenswunsch verabschiedet mich der Bischof. So schnell geht das: vom Gemeindeseelsorger in Limburg zum Flughafenseelsorger des größten deutschen Verkehrsflughafens. »Aufgeben ist nicht deine Art«, sage ich zu mir selbst, als ich aus der Pforte des Bischofshauses trete.

An einem Märztag 1972, wenige Monate vor den Olympischen Spielen in München, fahre ich zum ersten Mal zum Flughafen. Ich parke meinen Kleinwagen, gehe zum hoch aufragenden Terminal und betrete eine völlig andere, mir unbekannte Welt. Überall emsiges Treiben: Menschentrauben vor Abfertigungsschaltern, Reisende, die mit großen Schritten durch die Halle eilen. Kleine Fahrzeuge, die Wagen voller Gepäckstücke hinter sich herziehen. In einem solchen Hochbetrieb soll ich als Seelsorger arbeiten? Das frage ich mich, als ich im schwarzen Habit, der Ordenskleidung, mit meiner Lederaktentasche durch eine Schwingtür das weitläufige Gebäude betrete.

Hier gibt es keine Traditionen und kein Brauchtum wie in einer Gemeinde. Hier ist nichts gewachsen, hier ist alles neu. Hier bin ich ganz auf mich allein gestellt. Alle anderen, die gerade am Flughafen unterwegs sind, scheinen zu wissen, wie es geht, wie man sich richtig verhält, wo was zu klären ist und wann man ungeduldig oder ergeben zu warten hat. Ob das für mich nicht alles eine Nummer zu groß ist? Es kommt mir vor, als wäre ich zu einem Einsatz befohlen worden, den ich nicht recht abschätzen kann.

Und stehe ich hier, im seelsorglichen Neu- und Niemandsland, nicht auf verlorenem Posten? Flughafenseelsorger, das ahne ich jetzt, heißt Pfarrer sein ohne Netz und doppelten Boden. Es gibt keine Gemeinde, keine festen Gruppen, die einen kennen und erwartungsvoll begrüßen. Nur eines ist sicher: dass hier keiner der Reisenden länger als nötig verweilt.

Heute weiß ich: Flughäfen sind nicht nur eine Metapher für das Leben, sondern auch für das, was Kirchen sein sollten: Orte, an denen der Himmel nah ist. Nicht eng, sondern voller Freiräume. Und ich habe gelernt, den Trubel zu genießen.

Damals, an meinem ersten Tag, im nagelneuen Seelsorgeraum, fühle ich mich jedenfalls sehr verloren. Ein leerer Schreibtisch und ein Stuhl – ansonsten ist der Raum völlig kahl. Ich setze mich und ziehe aus der Aktentasche ein Blatt mit dem Briefkopf des Ordinariats, der Limburger Bischofsbehörde. Darauf eine Art Stellenbeschreibung. Ich fange aber nicht sofort an zu lesen. Meine Gedanken wandern stattdessen zurück in die Vergangenheit.

Bei allen landen

Sieben Jahre Gemeindeseelsorge liegen hinter mir. Der Pfarrer der Gemeinde, Pater Andreas Stock SAC, und ich sind jeden Abend unterwegs. Wir warten nicht darauf, dass uns jemand aufsucht. Wir gehen in die Gemeinde hinein, besuchen die Familien, Einzelne und Gruppen, Vereinstreffen, Chorabende und vieles mehr. Wir sind dort, wo Menschen zusammen sind. Oft kommen wir erst um elf Uhr abends ins Pfarrhaus zurück und tauschen uns über das Erlebte aus. Wir verstehen uns, ohne in allem einer Meinung zu sein. Der Gedanke, einer von uns beiden könnte wichtiger sein, rechtgläubiger oder beliebter als der andere, würde uns belustigen.

Ob konservativ oder progressiv; das zählt für uns nicht viel. Es geht nicht um uns, sondern um die Menschen, die uns anvertraut sind, deren Bemühungen wir achten, die wir ermutigen wollen, von denen wir uns auch etwas sagen lassen. Was ihnen dient, liegt uns am Herzen.

Die Gemeindemitglieder sollen möglichst viel selbst in die Hand nehmen. Wir lassen den Einzelnen machen. Spannungen und Kontroversen sind uns lieber, als dass die Leute abspringen. Leiten heißt für uns vermitteln. Ich bin für die Jugendarbeit zuständig. Eine Fußballmannschaft wird gegründet, Freizeiten eingeführt, Feste gefeiert, eine Disco eingerichtet. Viele junge Leute finden ins kirchliche Leben und in die Gottesdienste. Die Aufbruchsstimmung unter den Jugendlichen der 68er-Jahre verlangt dabei genaues Hinschauen und Hinhören, um zu verstehen, was da vor sich geht und vor sich hin gärt. Bei den monatlichen Treffen der Pfarrjugend-Leitung und insbesondere bei der Jahresversammlung, zu der alle eingeladen sind, sorge ich dafür, dass es genügend Raum für eine Aussprache gibt.

Auf Augenhöhe signalisiere ich den jungen Leuten, dass ihre Anliegen ernst genommen werden. Die Jugendlichen kommen mit ihren Gitarren zu mir, sie wollen ihre Musik im Gottesdienst spielen. Unser Organist, vormals Kapellmeister in Salzburg, ein hochgebildeter Musiker, ist vehement dagegen. Mit ›Klampfen‹, wie er das nennt, sei kein Gottesdienst zu machen. Wir weichen deshalb mit unserer wöchentlichen Jugendmesse in die Unterkirche aus. Dort sind wir frei und machen es so, wie wir es wollen. Der Hauptgottesdienst bleibt, wie er ist, und wird mit klassischer Kirchenmusik – Orgel und Choralgesang – gestaltet.

Als Seelsorger versuche ich auf möglichst viele Ansprüche der Gemeindemitglieder einzugehen. Diese Art von Beweglichkeit braucht einen festen Standpunkt, den ich in meinem Glauben habe. Jesus Christus, seine Art, mit Menschen unterwegs zu sein, inspiriert mich. Auch später, in meinem neuen Job.

*

Im Transitbereich der Halle B im Terminal 1, gegenüber von Flugsteig B 32, befindet sich eine Flughafenkapelle. Sie soll den Fluggästen vor dem Abflug oder nach der Ankunft die Gelegenheit für ein kurze Andacht und eine persönliche Gebetszeit geben. Passagiere, die im Transitbereich auf den Anschlussflieger warten, könnten die Kapelle nutzen, um sich für eine Weile in die Stille zurückzuziehen oder an einem Gottesdienst teilzunehmen. Die Verantwortlichen gehen von einem hohen Bedarf aus, und es ist ihnen wichtig, dass ein geweihter Priester für die Gäste als Ansprechpartner zur Verfügung steht.

So sieht die Welt vom Schreibtisch aus. Aber schon nach wenigen Tagen stelle ich fest, dass diese Vorstellungen der

Wirklichkeit nicht standhalten. Für ein Angebot in dieser Form ist der Flughafen zu groß, und die Passagiere sind oftmals zu angespannt, um selbst auf den Gedanken zu kommen, sich in die Flughafenkapelle zurückzuziehen. Manche befürchten, dass sie durch eine Flugplanänderung ihren Anschluss verpassen könnten, die Wege sind weit. Deshalb setzen sich viele ganz nah an ihr Abflugsgate, um dort zu warten. Nur jene, die im Umkreis der Kapelle abfliegen, nutzen diese, soweit sie den Weg von den Kofferbändern dorthin überhaupt finden.

Gar nicht im Blick ist bei der ursprünglichen Planung die andere Hälfte der Menschen, die den Flughafen bevölkern: die Zigtausenden Beschäftigten, außerdem all diejenigen, die Passagiere zum Flughafen bringen oder von dort abholen, sowie die täglichen Besucher. All diese Menschen laufen vor Ort durcheinander, arbeiten Einsatzpläne ab, suchen Auskünfte oder sind einfach nur interessiert zu sehen, was so alles geschieht.

Schon in den ersten Tagen meiner neuen Tätigkeit erstelle ich meine eigene Jobbeschreibung: Ich will selbst immer wieder auf die Leute zugehen, gleich, wie sie darauf reagieren. 35 000 Menschen sind am Airport beschäftigt. Mitarbeiter treffe ich regelmäßiger als Passagiere, und mit ihnen muss ich zuerst Verbindung aufnehmen. Sie haben den ganzen Flughafen im Auge, überblicken die Abläufe und können Multiplikatoren sein. Ebenso auf die, die hier zwischenlanden, die ankommen oder abfliegen. Alle sollen erfahren, dass sie sich bei der Seelsorge ausruhen können und hier jemanden finden, der ein offenes Ohr für ihre Fragen hat.

Das Büro im Terminal betrete ich jeden Tag nur kurz. Ich mache mich stattdessen meistens gleich nach meiner Ankunft wieder auf den Weg und erkunde den Flughafen. Wie ein Pilger, der nach dem Wesentlichen sucht.

Fahrrad-Seelsorge

So bin ich von früh bis spät unterwegs. Ich weiß nie, was der Tag bringt, kann mich selten auf eine Situation vorbereiten und vergebe keine Termine. Es ist ausreichend, auf alles gefasst zu sein. Die Menschen laufen mir über den Weg. Das lässt sich in keinen Kalender eintragen. Es geschieht das, was gerade anliegt. Wenn sich jemand aussprechen oder beichten will, möchte ich für sein Anliegen sogleich bereit sein. Ich will zu niemandem sagen: Kommen Sie später wieder. Es muss in dem Augenblick geschehen, in dem das Bedürfnis da ist – sonst ist die Chance vielleicht verpasst.

Was mich antreibt, sind die Sorgen und die Freuden der Menschen. Ihr Vertrauen, auch ihr Unwillen, ihre Unzufriedenheit, oder dass sie sich am Ende fühlen. Einfach alles, was sie mir sagen. Auf Jesus kam auf den Straßen und Wegen zwischen Galiläa und Jerusalem ständig Unerwartetes zu, geht mir einmal mitten in einem Gespräch auf. Auch er wurde im Laufe des Tages immer wieder mit Begegnungen konfrontiert.

Im Unterschied zu ihm bin ich auf dem riesigen Flughafengelände anfangs mit einem alten Fahrrad auf Achse. Es ist das Dienstfahrzeug eines Angestellten, das er mir großzügig zur Verfügung stellt. »Hier, nehmen Sie's, ich brauche es nur einmal am Tag«, meint der nette Mann und legt mir eines Tages die Lenkstange in die Hände, nachdem er mich überholt hat, als ich mich zu Fuß durch das Terminal bewege. Mit so viel Aufmerksamkeit habe ich nicht gerechnet. Das geht mir nahe. Ich habe mitten in der Betriebsamkeit jemanden gefunden, der ein Auge für andere hat.

So radle ich fortan langsam zwischen den verschiedenen Gates und auch auf dem Flugfeld herum, um wahrzunehmen, was am Rande der Rollbahnen vorgeht. Ich fahre hinaus und suche die Arbeiter auf dem Vorfeld auf, die unter den riesigen Fliegern zu tun haben. Passagiere sehen nur einen Bruchteil dessen, was einen Flughafen ausmacht, stelle ich fest. Unter der Erde befinden sich eine riesige Gepäckförderanlage, Fahrstraßen, Parkplätze und vieles mehr.

Zuerst schwinge ich mich im Ordenskleid auf den Sattel, merke allerdings schnell, dass das unzweckmäßig ist. Und zwar nicht nur wegen der Speichen, in denen sich der Habit verfangen kann. Anfang der Siebzigerjahre ist man für die Leute zugänglicher, wenn man als Seelsorger ›in Zivil‹ auftritt. Und ich muss mir die »Würde des Amtes« bei keinem Kleidungsstück leihen. Den Leuten kommt es auch nicht auf Äußerlichkeiten an, sondern vor allem auf Glaubwürdigkeit. Das Fahrrad bewährt sich für die äußere wie die innere Beweglichkeit. Sobald der Angestellte morgens damit die Post ausgeteilt hat, steht es mir zur Verfügung. Es könnte nicht besser passen. Was bin ich anderes als ein Bote? Auch ich habe meine Sendungen unter die Menschen zu bringen. Und es passt zu mir, dass ich für den Dienst kein eigenes Fahrrad beanspruche, sondern mir eines ausleihe. Eine Seelsorge, die mit wenig auskommt, ist nah bei den Menschen. Es ist mir leicht ums Herz. Taugt ein Fahrrad vielleicht dazu, innerlich zu fliegen?

Frankfurt Main
D-ABF
BOEING 72

Treten und treten

Mein Flughafenfortbewegungsmittel ist nicht das erste Rad, das ich besteige. In den Jahren nach dem Krieg habe ich mich auf zwei Rädern durch meine Heimatstadt geschlängelt, auf den allmählich sich verbreiternden Schneisen durch die Trümmerwüsten. Links und rechts sehe ich die Gerippe der stehen gebliebenen Häuserfassade, durch deren Fensterhöhlen der Himmel wahrzunehmen ist. Es dauert fast 20 Jahre, bis in Würzburg die letzten Trümmer beiseitegeräumt sind.

Nach Kriegsende ist ganz Deutschland zu Fuß unterwegs. Von der Front und den Gefangenenlagern nach Hause oder aus der alten, verlorenen Heimat in eine neue, unbekannte Zukunft. Etwas Neues und Positives liegt in der Luft, eher der lässige Swing der Fünfziger anstatt der vormaligen Marschmusik. Für den neuen Schwung reichen durchgelaufene Schuhe nicht, deshalb ist für uns jungen Leute ein Fahrrad Gold wert. Das erste kaufe ich mir auf Pump, wie meine Freunde auch. Jeden Monat ist eine Rate fällig. Und ohne gute Beziehungen wären wir nicht so schnell an diesen Luxus gekommen. Ich erhalte das Rad über einen Freund aus der Katholischen Jugend. Seine Eltern haben neuerdings eine Niederlassung von Citroën. Sie verkaufen auch Fahrräder und überlassen mir das Gefährt zu einem günstigen Preis. Nur so kann ich mir das leisten. Mit dem Fahrrad durchquere ich in den nächsten Monaten ganz Bayern. Meine Freunde und ich sind so oft wie möglich im Sattel, wir treten und treten. Der Erkundungsbereich weitet sich, überhaupt wird alles gefühlt ein wenig weiter in dieser Zeit. Schließlich wagen wir uns mit den Rädern über die Alpen. Ohne Gangschaltung. Es klappt.

Später, in den Wirtschaftswunderzeiten zählt ein Fahrrad nicht mehr viel. Aber das Motiv eines radelnden Paters am Flughafen verleitet einige zum Schmunzeln und zum Fotografieren. Ein Foto, das mir jemand geschenkt hat, hängt in meinem Büro gerahmt an der Wand. Ein Besucher sagt: »Ich habe das Bild genauer angesehen. Sie, in klösterlichem Gewand auf dem Rad, schauen darauf zur Seite, nicht nach vorne.«

»Da sehe ich wohl Bekannte und Unbekannte links und rechts und grüße sie mit einem freundlichen Lächeln«, antworte ich. Denn mit dem Grüßen beginnt die Seelsorge – mit nichts anderem. Ein guter Pfarrer schaut aus meiner Sicht am besten nach allen Seiten, zu den Menschen. Das schließt freilich ein, dass er auch auf seinen Weg achtet, unterwegs nichts und niemanden anfährt.

*

Auf meinem Weg durchs Terminal grüße ich immer wieder einen Mitarbeiter, der am Flughafencounter zu tun hat. Er grüßt nie zurück. Das nehme ich hin. Ich grüße ihn weiterhin täglich. Lange geht das so. Bis er eines Tages sein Schweigen bricht und mir seine Geschichte erzählt: »Sie grüßen mich immer, wenn Sie vorbeikommen. Wissen Sie, ich bin evangelisch. Aber meine Frau ist katholisch. Als wir heiraten wollten, gingen wir zur Vorbereitung zum katholischen Pfarrer. Der kennt meine Frau gut. Unvermittelt sagt er zu ihr gewandt: ›Du hättest doch auch einen katholischen Mann heiraten können. Gemeint hat er sicher, dann wäre alles einfacher zu regeln; weniger Schreibkram, zum Beispiel. Aber seine Bemerkung hat mich dermaßen geschockt, dass ich meine Braut direkt bei der Hand genommen und mit ihr das Pfarrhaus verlassen habe. Wir haben dann evangelisch geheiratet. Meine Frau leidet aber darunter, dass sie seit diesem Tag gefühlt mit ihrer Kirche in Zwietracht lebt. Ich selbst habe auch ein ungutes Gefühl. Was kann man denn da machen?«

Ich sage zu ihm: »Das bringen wir in Ordnung.« Gesagt. Getan. Wenige Tage später sitze ich bei den beiden zu Hause und kann den beiden helfen, den Ärger aus der Welt zu räumen, indem ich danach auch mit dem zuständigen katholischen Mitbruder spreche.

Das Ehepaar und ich werden gute Freunde. Merke: Ein unbedachtes Wort genügt, und dein Grüßen bleibt in der Folge ohne Antwort. Immerhin, diese Geschichte ist gut ausgegangen. Vergessen kann ich sie nicht.

Meine Grundidee bewährt sich: Wenn du hier arbeiten willst, dann musst du sichtbar sein. Ich lebe quasi den ganzen Tag auf dem Flughafen. Eine gelbe Kennkarte weist mich als offiziellen Flughafenmitarbeiter aus. Auf die Uhr schaue ich während meiner Dienstzeiten kaum. Manchmal wird es recht spät, manchmal fangen wir sehr früh an. Der Flughafen schläft nie. Ich bin immer da, wenn es sein muss. Ganz in der Nähe habe ich mir am Frankfurter Stadtrand eine einfache Bleibe gesucht. Selbst nachts kann das Telefon klingeln, wenn mich der Verkehrsleiter vom Dienst anruft und einen Notfall meldet. Jemanden, der völlig verzweifelt am Flughafen gestrandet ist. Manche ohne Ticket für den Weiterflug, ohne Geld, ohne Hoffnung. Das passiert immer wieder. Der Diensthabende hat meine Telefonnummer und kann mich jederzeit erreichen. Und je länger ich unterwegs bin, umso bekannter werde ich auf allen Ebenen des Flughafens.

Horizonterweiterung

Ich ernte für meine quasi permanente Präsenz ungläubiges Staunen und aufgeweckte Skepsis. »Was, wir haben hier jetzt auch einen Pfarrer?«, erwidert unwirsch ein Monteur im Blaumann, dem ich mich beherzt vorstelle, während er sich in seiner kurzen Pause eine Zigarette dreht. »Was wollen Sie denn hier machen? Schauen Sie sich doch um, da geht für Sie nichts.«

»Warten wir es ab«, sage ich, wohl eine Spur zu verhalten. Den leisen Ton scheint er mit dem Auftreten eines gestandenen Kirchenmannes nicht zu verbinden. Sein Blick kommt mir auf einmal etwas weniger hart vor. Vielleicht täusche ich mich auch.

Dem einen oder anderen, mit dem ich in Kontakt bin, kann ich in dienstlichen und auch in privaten Angelegenheiten helfen. Das Eis bricht. Einige machen andere auf mich aufmerksam, schicken die Leute zu mir. Andere rufen mich an und bitten, sie aufzusuchen, da sie den Arbeitsplatz nicht verlassen können. Es ist meine Chance, dass nicht alles am Flughafen reibungslos verläuft. Klar, dass Konflikte nicht ausbleiben, wenn Menschen aus 80 Nationen an einem Ort zusammenarbeiten. Ich versuche, den Einzelnen beizustehen, wenn ihnen etwas das Leben schwer macht.

Als Seelsorger bin ich der Anwalt derjenigen, die sich nicht von seelenlosen Abläufen, vom mühseligen Betrieb aufreiben lassen wollen. »Im Mittelpunkt steht der Mensch« – das ist mir wichtig. Viele Jahre später wird das zum Kehrvers religiös geprägter Arbeit an vielen Stellen. Die Arbeit am Flughafen ist kräftezehrend, nicht nur auf den Rollbahnen, wo im Sommer die Luft vor Hitze flirrt. Bei den Beschäftigten, die unmittelbar mit den Fluggästen zu tun haben, den Mitarbeiterinnen und Mitarbeitern der Informationsdienste, der Hallenaufsicht, den Agenten an den Schaltern, den Verkäuferinnen und Verkäufern in den diversen Geschäften, dem Sicherheitspersonal und den Kellnerinnen und Kellnern in den Gaststätten wirken sich die wechselnden Schichtdienste und die Nachtarbeit auf die Gesundheit aus. Jede und jeder hat bestimmte Sorgen und hält im Gespräch mit mir damit nicht hinter dem Berg. Familien leiden unter der permanenten Belastung und den steigenden Anforderungen des wachsenden Flughafenbetriebes. Vielen setzt der permanente Stress zu, sie haben Schlafstörungen. 1970 waren auf dem Frankfurter Flughafen 9,4 Millionen Passagiere unterwegs. Zehn Jahre später hatte sich die Zahl fast verdoppelt. 1990 waren es 29,6 Millionen Passagiere – und 2019 70,56 Millionen. Die Corona-Pandemie hat im Jahr darauf das Verkehrsaufkommen in etwa auf das Niveau von 1980 zurückgeschraubt.

Ich betrete ein Restaurant. Die Chefin erzählt mir, dass sie viel Kummer mit Zechprellern hat. Es handelt sich fast immer um dieselben Personen. Sie kommen, geben eine üppige Bestellung auf und behaupten, sobald der Nachtisch verspeist ist, dass sie kein Geld haben. Es bleibt des Restaurantbetreiberin dann nichts anderes übrig, als die Polizei zu rufen. Die ist in einem Flughafen nie weit weg, stellt die Personalien fest und verwarnt den Gast. Das geschieht zweimal, dann erfolgt die Festnahme. Oft droht auch eine Haftstrafe. Aber nach dem Gefängnisaufenthalt beginnt das Ganze von vorn. Die gleichen Zechpreller tauchen wieder und wieder auf. Nicht jedes Mal werden sie rechtzeitig erkannt. Gewiss, ich kann das alles auch nicht verhindern, aber ich höre zu und spüre, dass es die Frau erleichtert, dass da jemand ist, der sie in Ruhe anhört und versucht, ihr Ungemach zu verstehen.

Auf meiner nächsten Runde spreche ich zwei Polizeibeamte darauf an. »Ist das nicht kurios?«, frage ich. »Diese Gäste wissen doch, was sie erwartet, wenn sie so agieren.« Die Uniformierten helfen mir auf die Sprünge. »Das ist schnell erklärt«, meint der Ältere. Seine Mundwinkel gehen leicht nach oben: »Das Phänomen ist im Winter besonders ausgeprägt. Da wollen bestimmte Personen ins Gefängnis, um für einige Zeit eine warme Unterkunft samt Verpflegung zu ergattern. Ein sicherer Weg dahin ist die Kleinkriminalität. Die Restaurantbesitzerin sieht ihr Geld allerdings nie.«

*

So erweitert sich am Flughafen ständig mein Horizont. Oft schnappe ich beiläufig eine Bemerkung auf. Wenn sich später ein längeres Gespräch ergibt, komme ich dann bei passender Gelegenheit darauf zurück. Meine Aufmerksamkeit und die Rücksichtnahme, die ich an den Tag lege, rechnet man mir hoch an. Sie ist nicht gespielt. Manchmal habe ich den Eindruck, dass dadurch die Seelsorge schon begonnen hat, bevor ein Wort gefallen ist.

Ich habe tiefen Respekt vor dem, was die Beschäftigten bei der Abfertigung, im Service, bei der Flugsicherung, dem Wetterdienst und in den Geschäften leisten. Und ich weiß das außerhalb des Flughafens zu vermitteln. »Im Terminal 1 des Frankfurter Flughafens, Abflughalle B, herrscht rege Betriebsamkeit«, beschreibe ich einmal in einem Interview die Lage der mir anvertrauten Menschen. »Bedürfnisse und Wünsche der Passagiere sind hier so unterschiedlich wie die Tonnen Gepäckstücke, die täglich auf den Rollwagen transportiert werden. Ihre Arbeit im Flughafen ist zuweilen schweißtreibend, erfordert Höchstleistung. Schichtarbeit und körperliche Schwerstarbeit bei der Flugzeugabfertigung belasten die Menschen. Die dauernde Hektik kann fahrig machen, zuweilen sogar krank. Hier heißt es, einen ›kühlen Kopf‹ bewahren, um im Trubel des Flughafenbetriebs nicht selbst hektisch zu werden oder unterzugehen.«

Nicht nur bei der fliegenden Belegschaft liegt die Verantwortung, sie lastet auch auf dem Bodenpersonal und gilt für jeden Arbeitsprozess. Denn auf einem Flughafen greift alles ineinander. Einzelkämpfer sind fehl am Platz. Jede Nachlässigkeit kann im schlimmsten Fall den Verlust von Menschenleben bedeuten. Die Fluggäste verlassen sich darauf, dass in der Luft und am Boden alles richtig gemacht wird, dass sich kein für sie bedrohlicher Fehler einschleicht. Es bleibt ihnen auch nichts anderes übrig.

Nicht zu unterschätzen ist, dass die Leute vom Service tagein, tagaus mit den unterschiedlichsten Menschen aus allen Sprachenzonen, aus verschiedenen Kulturen, mit verschiedenen Mentalitäten umgehen müssen. Niemand darf es sich leicht machen oder einmal überreagieren. Es bedarf des Verständnisses eines jeden für jeden in allen Situationen.

Dienstleistung heißt dienen, also nicht zum eigenen Vorteil nutzen, was man mehr und besser weiß als der Fremde. Dienst bedeutet, für den anderen da zu sein. Und das wird manchmal sehr anstrengend. Ich habe oft müde Leute vor mir, am Ende der Nachtschicht etwa, freilich auch übernächtigte Passagiere mit Jetlag.

*

Nach einiger Zeit am Flughafen bekomme ich eine Mitarbeiterin, deren Gehalt das Bistum Limburg trägt, und es gelingt mir mehr und mehr, Ehrenamtliche zur Unterstützung für die Arbeit der Flughafenseelsorge zu gewinnen. Neben den Seelsorgegesprächen, die ich führe, steht der tägliche

Gottesdienst in der Flughafenkapelle. Den Menschen, die zu uns kommen, bieten wir zunächst meist eine Tasse Kaffee oder Tee an. In die Gottesdienste kommen in jenen Jahren ganze Crews mit dem Kapitän an der Spitze. Sie sind todmüde, stellen sich aber dennoch ein, bevor sie ins Hotel gehen, um zu schlafen. Neben dem Kaffee gibt es ein anderes probates Mittel: keine langatmigen, mit gut gemeinten Erläuterungen durchsetzte Gottesdienste, sondern kurze Impulse mit Bezug zur Lebenswirklichkeit der Anwesenden.

Ich begegne noch einer anderen Müdigkeit, die sich ins Leben einschleichen kann. Sie ist schlimmer als die Erschöpfung nach einem langen Arbeitstag oder Flug. Es ist das dunkle Loch einer Niedergeschlagenheit, die nicht vergehen will. Ich bemerke, dass immer mehr Mitarbeiterinnen und Mitarbeiter aus diesem Grund auf mich zukommen, für kürzere oder längere Gespräche unter vier Augen. Sie sprechen an, was sie weder bei ihrer Airline noch bei der Flughafengesellschaft, bei einer Mitarbeitervertretung oder Gewerkschaft erwähnen sollten. Denn da wird von ihnen erwartet, dass sie einsatzfähig sind. Sie müssen sich von der starken Seite zeigen. Bei mir kann man Schwächen vortragen, ohne befürchten zu müssen, dass daraus ein Nachteil entsteht. Ich versuche mit meinem Team, die Menschen aufzubauen.

Im Laufe der Zeit lerne ich die Arbeitsfelder am Flughafen immer besser kennen und auch den belastenden Druck, der in den Gesprächen mitschwingt. Kein Mitarbeiter gleicht dem anderen in seinem Werdegang, auch nicht in den seelischen Verletzungen, in seinem persönlichen Umgang mit den Belastungen seines Dienstes. Jeder bringt seine Erfahrungen auf dem Lebensweg mit. Ich kann das Gesicht eines Mitarbeiters nicht vergessen, der zusammengesunken vor mir sitzt. Er wird im Büro gemobbt, weil ihn seine Arbeit überfordert. Er kommt mit der Digitalisierung, mit der elektronischen Datenverarbeitung nicht zurecht. Nun fürchtet er, in der Psychiatrie zu landen.

Und es gibt in der Tat viele Fallen, auf die es zu achten gilt, wenn jemand am Flughafen arbeitet. Dazu gehören die freien oder ermäßigten Flüge für die Beschäftigten. Ein verlockendes Angebot. Doch ein Mitarbeiter der Lufthansa blieb bei einer derartigen Reise in New Delhi hängen. Er erzählt mir, dass Kollegen, die von einem Auslandsaufenthalt ermäßigt zurückfliegen wollen, nach Prioritäten eingeteilt werden. Ganz oben stehen die Piloten, dann die Kabinenbegleiter. Wer keinen Freiplatz erhält, muss für einige Tage länger an seinem Urlaubsziel bleiben. Wer allerdings zu spät aus dem Urlaub zurückkehrt, riskiert seine Stelle. Drei Tage gilt die Kulanz, dann wird bedrohlich mit den Entlassungspapieren gewedelt. Ich habe auch von Leuten gehört, die in Sydney den Flughafen schrubbten, um sich bis zum Rückflug nach Frankfurt über Wasser zu halten.

Umgekehrt klopfen eines Tages australische Mitarbeiter bei uns in Frankfurt an, sitzen im Seelsorgeraum und bangen um ihre Arbeitsstelle. Nach Deutschland zu fliegen, so erzählen sie mir, ist einfach, vor allem im australischen Winter. Aber nun bekommen sie kein Ticket für den Rückflug. Sie bitten mich, ihnen zu helfen, und ich setze alle Hebel in Bewegung. Am Ende klappt es. Meine Mitarbeiterin und ich begleiten sie zu einem Flugzeug, in dem noch vier Plätze frei sind. Sie sind zu sechst. Tränen fließen. Nehmen Sie sie alle mit, bettle ich, wir können die Leute nicht ewig bei uns behalten. Da drücken die Verantwortlichen ein Auge zu. Alle sechs dürfen mitfliegen.

Etwas Ähnliches erlebe ich später am eigenen Leib. Ich fliege zu einer Konferenz von Flughafenseelsorgerinnen und -seelsorgern nach Manila. Der Hinflug ist prima. Die Lufthansa-Mitarbeiterin am Counter erkennt mich sofort und setzt mich in eine bessere Klasse als die, die mein Flugschein ausweist. »Die Niedrigen werden erhöht…«, geht mir freudig durch den Kopf. Aber das dicke Ende kommt noch. Als es um den Rückflug geht, finde ich keinen freien Platz in einer Maschine nach Frankfurt.

Pater Maader? Nie gehört.

Zum Glück hilft mir eine ehrenamtliche Mitarbeiterin des Flughafenseelsorgers von Manila, die bei der Lufthansa arbeitet. Für sie ist es keine große Sache, ein Ticket zu organisieren.

Auf dem Rückflug von den Philippinen wird mir bewusst, dass ich die Menschen, die mit ähnlichen Sorgen zu mir kommen, nun viel besser verstehen kann. Solche Arten von Selbsterfahrungen gehören zur Seelsorge: Die Angst, nicht mitgenommen zu werden. Die Angst, die sich breitmacht, wenn das erste Flugzeug weggeflogen ist, es beim zweiten auch nicht klappt und man dann auf das dritte hofft, vollkommen abhängig von der Entscheidung anderer. Wenn jemand die Landessprache nicht versteht, fast kein Geld mehr hat, keinen Schlafplatz, kein Hotel und dann auf dem Flughafen festsitzt …

So geht es manchen unserer in Frankfurt gestrandeten Besucher. Sie schlafen mit einer dünnen Decke auf dem Boden der Kapelle – und sind froh, diesen Ort zu haben. Die Sicherheitsleute laufen nachts durch den Raum und überzeugen sich, dass alles in Ordnung geht. Die Zuständigen auf dem Flughafen helfen mir, so gut sie können, solche Notlagen zu lösen. Sie vertrauen mir, sie sehen, dass ich weiß, was ich tue. Bei manchen kann ich mich bei anderer Gelegenheit revanchieren. Wenn sie einen Wunsch haben, erfülle ich ihn, so gut ich kann, oder begegne ihnen zumindest freundlich und wohlwollend. So hängt alles zusammen.

Beruf und Berufung

Es kommt mir auf dem Flughafen täglich zugute, dass ich eine abgeschlossene Berufsausbildung habe. Vor meiner Entscheidung, in die Gemeinschaft der Pallottiner einzutreten, habe ich eine Ausbildung zum Industriekaufmann absolviert und zehn Jahre in diesem Beruf gearbeitet.

Ich bin 1928 geboren. Als ich meine Ausbildung mit 15 Jahren beende, tobt der Zweite Weltkrieg. Es ist kein Ende abzusehen, obwohl längst alles verloren scheint. Der Krieg schlägt nun auch immer tiefere Wunden ins eigene Land. Mit der Auflage, auf eine Weiterverwendung zu warten, werde ich Ende 1943 einberufen und trete meinen Dienst bei einer Luftabwehreinheit nahe Schweinfurt an. Es geht direkt in den Kampfeinsatz. Sozusagen Ausbildung im Ernstfall. Es fehlt an allem, vor allem an Munition. Schließlich kehre ich, unversehrt, Ende 1944 wieder nach Würzburg an meinen Arbeitsplatz zurück. Jeden Morgen gehe ich in die Firma. Mein Weg führt über die Mainbrücke mit den eindrucksvollen Heiligenfiguren. Sie ist für mich die schönste Brücke in ganz Deutschland. Jede Figur hat ihr eigenes Gepräge. Im wallenden Messgewand steht der heilige Kilian entschlossen da. Solange der da oben aushält, geht es weiter, denke ich mir.

Am Arbeitsplatz wird nicht lange gefackelt. Ich habe die Dinge anzugehen und zu erledigen, wie sie angeordnet werden. Dafür weiß mein Chef Befehle von außen zu umgehen. Einberufungen zur Wehrmacht weist er mit der Begründung meiner Unentbehrlichkeit im Betrieb zurück. Das gelingt dreimal. Darüber bricht das letzte Kriegsjahr an. Nun soll ich zur Marine nach Kiel. Dem nicht zu folgen, ist lebensgefährlich. Wer von der SS entdeckt wird, endet als

Fahnenflüchtiger am nächsten Baum. Ich wage es dennoch, mich dem erneuten Einberufungsbefehl zu entziehen. Meine Mutter versteckt mich in Rottendorf, zu Hause, zur Arbeit gehe ich nicht mehr. In das Unglück vieler anderer mischt sich mein Glück. Beim großen Bombenangriff auf Würzburg am 16. März 1945 wird das Gebäude des Wehrbezirkskommandos, in dem meine Unterlagen liegen, in Schutt und Asche gelegt. Mehr als 300 000 Bomben fallen in jener Nacht auf die Stadt. Die Piloten der Bomber berichten später, dass sie auf dem Rückflug noch aus über 200 Kilometern Entfernung das brennende Würzburg sehen konnten. Über 21 000 Wohnungen und die 35 Kirchen der Stadt werden im 17-minütigen Bombenhagel und im folgenden Feuersturm zerstört.

Danach dauert es nicht mehr lange, und der schreckliche Krieg ist vorbei. Am 6. April 1945 ist die Stadt in der Hand amerikanischer Besatzungstruppen.

Wir beginnen sogleich mit dem Wiederaufbau. Jeder packt mit an. Jeder wird gebraucht. Ich arbeite als Hilfsarbeiter in unserer Firma. Etwas anderes bleibt mir nicht übrig. Erst einmal werden Steine geklopft, vom Mörtel und Putz befreit. Es staubt in der Hitze des Sommers. Überall lege ich mit Hand an, bis die Fabrik wieder steht. Als Handlanger arbeite ich wie ein Maurer, Installateur, Elektriker und Dachdecker. Zwischenzeitlich finden wir als Familie in Würzburg wieder eine bescheidene Bleibe. Diese Zeit des Neuaufbaus ist für mich eine zweite, gute, wenn auch harte Lehrzeit. Viel Freizeit gibt es in diesen Tagen nicht. Ungefragt wird auch am Samstag gearbeitet. Nach der Arbeitszeit muss ich als Jüngster die Post zum Briefkasten am Hauptbahnhof bringen. Dann erst geht es nach Hause. Aber all das ist nichts, verglichen mit dem Kriegsdienst, den ich in der Zeit zuvor zu leisten hatte.

Später mache ich mich, dreimal in der Woche, nach der Arbeit auf den Weg in die Abendschule. Bildung ist der Schlüssel zur Zukunft – das ist mir klar. Vieles muss improvisiert werden. So male ich mir beispielsweise eine Schreibmaschinentastatur auf ein Blatt Papier und übe darauf die Fingerstellungen. Denn eine Schreibmaschine lässt sich nicht auftreiben, die meisten wurden unter den Trümmern begraben. So trommle ich zu Übungszwecken Briefe auf den Papierbogen. Not macht erfinderisch, das lerne ich schnell. Das hilft mir später, in außergewöhnlichen Situationen zurechtzukommen. Ich weiß, wie Handarbeit geht und was sie einem abverlangt. Möglicherweise sind diese Erfahrungen in der Arbeitswelt der Grund, weshalb man auf mich gekommen ist, als es um die Besetzung der Flughafenseelsorge ging. Die Vorgesetzten sagten sich wohl, wenn wir schon einen auf den Flughafen schicken, dann den Maader, der hat schon zehn Jahre in der Industrie gearbeitet.

Wer als angehender Priester lediglich im Internat war, sein Studium gemacht hat und dann in eine Kirchengemeinde geschickt wurde, musste vieles an praktischer Handhabe erst vor Ort lernen.

Für wen sind wir da?

Es freut mich, wenn heutzutage der Limburger Bischof betont, dass die Gläubigen nicht mehr bereitstehen, wenn der Pfarrer seinen Auftritt hat, dass die alte Zeit und die alte Kirche vorüber sind und die zukunftsträchtige Frage der Seelsorge nur lauten kann: Für wen sind wir da? – Und nicht: Wer ist für uns da?, füge ich hinzu. Diese Einsicht leitet mich seit Jahrzehnten. Doch ich spüre, wie weit viele Pfarrer leider von der Lebenswirklichkeit der Menschen entfernt sind. Denn sie haben schlicht keine Ahnung, wie es in der Arbeitswelt zugeht. Es fällt ihnen deshalb schwer, sich in die Lage ihres Gegenübers hineinzuversetzen.

Zornig steht ein Angestellter im Seelsorgeraum: »Die legen einfach einen Taufsonntag fest, ohne nachzufragen, ob ich mir das einrichten kann«, entfährt es ihm. »Nur am ersten Sonntag im Monat wird bei uns getauft, lässt mir der Pfarrer ausrichten. Aber durch meinen Schichtdienst habe ich in den nächsten drei Monaten deshalb keine Möglichkeit, mein Kind zur Taufe zu bringen«, rechnet mir der Mann vor. Er ist maßlos von seiner Kirche enttäuscht.

»Kommen Sie, das machen wir hier in der Kapelle«, verspreche ich ihm, ohne lange nachzudenken. »Ich rede mit Ihrem Pfarrer.« Der Flughafen ist meine Pfarrei. Wer kommt, ist da. Fertig.

Für mich geben die Menschen den Ton an, mit ihren Erfahrungen, Bedürfnissen und Nöten. Wen ich übersehe oder gar abweise, der löst sich womöglich von der Kirche. Daran kann keinem gelegen sein. Es ist wie bei den Kundenkontakten einer gut geführten Firma, den Vergleich ziehe ich ohne Scheu: Wer mit Menschen unachtsam und schlecht umgeht, setzt sein Unternehmen aufs Spiel. Von der Geburt bis zum

Tod geschieht auf einem Flughafen nahezu alles. Deshalb gibt es auch kein Sakrament, keine Handlung der Kirche, die hier nicht am Platz wäre. Bei uns wird getauft, getraut, Kommunion ausgeteilt, hier werden Leute in die Kirche aufgenommen und in Ausnahmefällen gefirmt. Wenn der Airport ein Ort des Lebens ist, und die Passagiere und Beschäftigten machen ihn dazu, dann hat auch das ganze kirchliche Leben hier Raum.

*

Zwei Jahre nach meinem Dienstantritt nehme ich die erste Kindstaufe in der Flughafenkapelle vor, am Dreikönigsfest. Der Vater des Täuflings ist Verkehrsleiter am Flughafen Frankfurt. Eltern und Paten kommen mit der Taufkerze an den Taufstein. Der Säugling lugt aus seiner Decke. Ich salbe ihn, begieße ihn mit dem Taufwasser. Was wird aus dem wohl mal werden?, frage ich mich unwillkürlich. Jahrzehnte später lese ich es im Wirtschaftsteil einer Tageszeitung: Der kleine Erik wurde Flughafen-Chef in Leipzig. An mir hat das gewiss nicht gelegen, aber ein wenig stolz bin ich schon.

Die Taufe spricht sich herum, nicht nur im Flughafen. Etliche Pfarrer der umliegenden Gemeinden sind nicht begeistert, wittern eine unerlaubte Einmischung in ihre Zuständigkeit. Ich sehe das anders. Es geht mir nicht darum, die Leute an mich zu binden. Unsere Flughafengemeinde hilft aus und ergänzt. Es ist nicht daran zu rütteln, dass bei 24-Stunden-Schichtarbeitsplänen vielen Mitarbeitern die Teilnahme am normalen Leben einer kirchlichen Ortsgemeinde verwehrt ist. Es geht einfach nicht zusammen: Frühschicht, Spätschicht, Nachtschicht, frei – und der Sonntagsgottesdienst der Gemeinde ist auf zehn Uhr angesetzt. Der Flughafenmitarbeiter, der aus der Nachtschicht kommt, geht um diese Zeit schlafen. Eine andere ist bei der Frühschicht und gar nicht zu Hause. Und der Dritte muss in die Spätschicht und schläft vor, weil er bis tief in die Nacht arbeiten muss.

Bei uns am Flughafen hat die Kirche keinen geschlossenen Rahmen. Ich kann mich nicht im milden Licht harmonischer Kirchenkultur sonnen. Ich werde kritisch gefragt. Es gibt immer wieder etwas auszubügeln. Ein Fraport-Mitarbeiter spricht mich an einem Montagmorgen an: »Sie, ich muss Sie mal etwas fragen. Ich bin evangelisch und war gestern bei einer Erstkommunion eingeladen. Meine Tischnachbarin erzählte mir allerhand, aber das kann ich nicht glauben.« Und er sprudelt los, sichtlich aufgewühlt von dem, was er aus dem Gespräch mitgenommen hat. Was in der katholischen Kirche alles unerwünscht ist.

»So, wie Sie das wiedergeben, glaube ich das auch nicht«, erwidere ich. »Wieso nicht?«, ereifert er sich. »Sie sind doch Pfarrer, Sie müssen das glauben.«

»Das klingt nicht nur für Sie verdächtig«, antworte ich. »Es ist nicht der Glaube der Kirche, das Ganze kommt mir reichlich überspannt vor.«

»Na, wenn das so ist«, beruhigt er sich, »dann ist die Sache in Ordnung.«

Ein anderer Mitarbeiter, dem ich eben einen schönen Feierabend gewünscht habe, stellt trocken fest: »Wenn ich wieder auf die Welt komme, werde ich auch Pfarrer. Da kann man machen, was man will, und bekommt sein Geld.«

»Ich bin sieben Tage in der Woche auf dem Flughafen«, erkläre ich ihm. »Sie arbeiten dagegen nur an fünf Tagen, und dann haben Sie das Wochenende über frei.«

»Haben Sie denn keinen freien Tag?«, fragt er zurück.

»Ich? Einen freien Tag, wozu? Ich bin doch immer frei, das zu tun, was mir gefällt.«

Nun ist der andere erstaunt.

Ich rede weiter: »Sie sitzen doch stundenlang fest. Sie können nicht von der Arbeitsstelle weg. Ich hingegen kann den ganzen Tag durch den Flughafen laufen, bin sieben Tage lang so unterwegs, wie es mir gefällt.« Der Mann ist platt. Ich spüre, dass meine Aussage über das Arbeitsleben schwer zu begreifen ist. Macht aber nichts. Solange die Leute etwas zum Rätseln haben, bin ich noch vorhanden. Wer auf dem Flughafen arbeitet, muss von der Fliegerei begeistert sein und den Traum vom Fliegen mitträumen. Sonst fehlt es am guten Geist.

Etliche Flughafenmitarbeiter machen sich überhaupt keine Vorstellung, mit welchen Problemen manche Leute zu uns in die Flughafenseelsorge kommen. Andere wissen das, weil sie immer wieder Menschen zu uns schicken, mit denen sie selbst nicht weiterkommen, weil sie an ihrem Posten bleiben müssen. Sie haben schlicht nicht die Zeit, sich um die Sorgen der Fluggäste im Detail zu kümmern. Um die kranke Mutter in Sizilien, die Beziehungskrise oder das verlorene Stofftier der Tochter. Aber wir sind uns miteinander einig, dass es darauf ankommt, Menschen über die reine Abfertigung hinaus Gutes zu tun, auch ohne Gegenleistung zu helfen.

Wir schenken uns nichts in solchen Wortwechseln, weil wir wissen, dass wir im Ernstfall füreinander einstehen. Ich habe meine anfängliche leichte Schüchternheit längst abgelegt. Im Transitbereich sitzt ein Mitarbeiter in einer Kabine, kontrolliert vor der Ausreise den Flugschein und den Reisepass. Als ich in die Nähe komme, bemerke ich, wie der Angestellte schnell etwas verschwinden lässt.

»Was haben sie denn Schönes gelesen?«, frage ich ihn. »Ach«, sagt er, »ich habe so viel Zeit hier, und wenn gerade niemand kommt, kann man sich ja mit etwas beschäftigen.«

»Was lesen Sie denn?« Ich lasse nicht locker. Aber der Mann will nicht recht heraus mit der Sprache und druckst herum. »Na, holen Sie es doch hervor«, fordere ich munter. Nun kann er nicht mehr anders. Es ist, was ich dachte – ein Pornoheft.

»Warum haben Sie das versteckt?«, frage ich. »Ich hätte es Ihnen nicht weggenommen, ich habe genug andere Lektüre.«

»Ja, das weiß ich, aber ich dachte, dass kannst du doch nicht vor dem Pfarrer machen, der gerade um die Ecke kommt.«

Alles, was menschlich ist, auch das allzu Menschliche, bewahrt einen Kirchenmann davor, stur und scheinheilig zu werden. Und wenn man weiß, was die Menschen umtreibt, kann man darauf Bezug nehmen.

*

»Woher nehmen Sie Ihre Direktheit, Ihre Einfachheit?«, werde ich von einem Gottesdienstbesucher gefragt. »Ihre Predigten sind keine theologischen Extremflüge, sondern verständlich und lebensnah.« Ich sage, was mir durch Herz und Kopf geht, was mich selbst berührt. Sich in Menschen einzufühlen, ist eine Gabe, keine Frage der Ausbildung. Das wächst in einem. Manche halten es dennoch für unnötig oder unangebracht, mit den Menschen zu fühlen. Die Seelsorge krebst dann vor sich hin. Wer den Menschen so begegnet und das Miteinander unnötig belastet, bringt die Kirche in den freien Fall. Da ist der Höhenflug schnell beendet. Die Leute haben keine Lust mehr, sich auf so etwas Lieb- und Gefühlloses einzulassen, und behelfen sich anderweitig.

Jesus ging einen anderen Weg. Moralischer Ballast war nicht sein Ding. Seine Last war in dieser Hinsicht leicht, dies bezeugen die Evangelien. Leichtigkeit hilft zum Fliegen. Aber Jesus hat, auch wenn er selbst ganz einfach und bescheiden gelebt hat, die Sorgen der Menschen nicht auf die leichte Schulter genommen. Für die Sorgen anderer hatte er offene Augen und Ohren und ein weites Herz.

Wir sagen zunächst immer »Ja«, gebe ich als Motto unserer Seelsorge aus. Das klingt leichtsinnig. Es gibt aber so gut wie nie ein Problem, das sich auf diese Weise auftut, oder gar eine böse Panne. Flughafenmitarbeiter kommen mit den verschiedensten Vorschlägen zu uns. So veranstalten wir ein Konzert mit einer bekannten Schlagersängerin, die jemand auf einem Flug kennengelernt hat. Ein Angestellter beim Arrival Service, er stammt aus Sardinien, kennt Adriano Celentano. Da könnten wir doch etwas daraus machen, meint er. Wir organisieren einen Auftritt im Terminal, im Steigenberger Restaurant. Adriano Celentano singt einen ganzen Abend, die Leute gehen begeistert mit. Azzurro und volare – azurblauer Himmel und Fliegen, das passt. Ich lasse mich frohgemut von der Sehnsucht der ausgelassenen, feiernden Menschen anstecken: einfach losfliegen, ins Blaue. Ein Schelm, wer da an Christi Himmelfahrt denkt. Wenn der Herrgott will, dass es gut geht, dann ist das so. Ich hätte freilich sagen können: Das interessiert mich nicht. Oder: Was hat das mit uns, mit der Seelsorge zu tun? Ich spüre, dass es auf das ankommt, was sich leicht und gut anfühlt. Wie wichtig es ist, in allem ganz bei den Menschen zu sein. Das entscheidet über die Glaubwürdigkeit. Ich muss nicht gleich mit der Bibel kommen oder erst einmal alle bitten, auf die Knie zu gehen, um andächtig meinen Worten zu lauschen. Meine Mitarbeiter und ich lassen uns im Zweifelsfall eher selbst etwas von unseren Gästen sagen, als klare Ansagen wie »So geht das hier« zu machen. Wir sind bewusst zurückhaltend. Wir erfüllen die Wünsche der Leute, die zu uns kommen, nicht unsere eigenen. Die erste Frage ist: Was will er, was will sie denn? Und dann: Versuchen wir es einfach einmal. Wenn am Ende glückliche Menschen die Flughafenkapelle verlassen – was kann es Schöneres geben?

Seelsorge kann auch bedeuten, dem anderen ein gutes Wort mit auf den Weg zu geben.

Eine Hand zu reichen, Trost zu spenden, eine Tasse Kaffee oder ein Stück Kuchen anzubieten. Schnelle, wohlfeile Worte sind oft fehl am Platz. Gottesdienst bedeutet, auch Raum zu lassen, für das, was der andere gerade jetzt braucht oder mitgebracht hat. Nur Vorgefertigtes vorzusetzen, reicht nicht.

Eigeninitiative und Verantwortung wollen wir den Menschen nicht abnehmen. Baut die Kirche, die katholische schon gar, ängstlich Barrieren auf, wird sie zum Käfig. Ihre Unabhängigkeit und Weite besteht in der Gewissheit, dass sie auf die unterschiedlichsten Menschen zugehen kann. Das werden wir nicht ausgerechnet auf einem der größten Flughäfen der Erde unterlaufen. Wie es sich anfühlt, eingepfercht zu sein, habe ich als Heranwachsender reichlich erlebt. Das will ich nie wieder und schon gar nicht im Namen des Christentums. Selbstbewusste Katholiken wurden, wie andere, unter der Herrschaft der Nationalsozialisten als gefährliche »Volksgenossen« bekämpft, wenn sie am braunen Käfig rüttelten.

Kein Lichtspalt

Es ist Sonntagvormittag, Anfang der Vierzigerjahre. Ich bin in die Hitlerjugend eingruppiert, bekomme einen Lederriemen mit einem Koppelverschluss und ein Messer, wie mittlerweile alle Jungen meines Jahrgangs. Wir werden nicht gefragt. Ich muss hin. Meine Eltern sehen es mit Sorge, haben aber schon genug Ärger wegen anderer Dinge. Es wird von den braunen Horden vor den Kirchentüren gelärmt, während drinnen das Hochamt stattfindet, wie jeden Sonntag um diese Zeit. Ich stehe mit meiner Abteilung vor der Tür, höre drinnen die Gläubigen singen, und die Franken singen gerne und aus voller Kehle. Aber ich muss draußen bleiben, bei der Hitlerjugend. Das fällt mir unsagbar schwer. Mit einem unguten Gefühl füge ich mich in die Situation. Ich befinde mich wie neben mir und spüre, dass mir Gewalt angetan wird.

In mein Los ergeben stehe ich stramm, andere tun es mit blindem Eifer. Das Antreten läuft stets nach demselben Schema ab: vorne der Krachmacherzug mit Trommeln und schrillen Pfeifen. Dann die Gruppe, dreiglicdrig aufgestellt, alle mit dem Blick zum Anführer der Einheit. Der steht vorne und brüllt Kommandos. Es beginnt mit dem Appell. Der Befehl lautet: Erste Reihe sechs Schritte vor, zweite Reihe drei! Dazu wird weiter getrommelt und gepfiffen, Hauptsache laut. Der Anführer, der zur HJ-Uniform schwarze Schaftstiefel trägt, geht durch die Reihen. Normalerweise hat er an denen etwas auszusetzen, die ihn und seine Naziüberzeugung nicht mögen. Er geht hinter mir entlang, brüllt wieder herum, findet vieles, was ihm nicht passt. Es ist reine Schikane.

Er weiß, dass meine Familie anders denkt als er und seinesgleichen. Wir stehen auf der schwarzen Liste, weil unser Vater Christ ist und Gewerkschafter war.

Auf einmal tritt mir der HJ-Anführer mit voller Wucht in den Hintern und schreit: »Haltung annehmen«. Der hinterrücks erfolgte, harte Tritt erschüttert mich zutiefst. Ich fühle mich im Innersten verletzt. Eine Wunde, die bis heute schmerzt. Erniedrigter und machtloser habe ich mich seitdem nie mehr gefühlt. Ich wusste damals: Ich bin diesem Mann und seiner Horde wehrlos ausgeliefert. Sie kosten ihre Macht aus. Wehe dem, der ihnen in die Hände fällt.

Eines Tages ergeht der Befehl: Wir marschieren zum Haus des Bischofs. Dort trifft sich die Hitlerjugend zum Protest. Wir hören schon von Weitem großes Geschrei mit beleidigenden Sprechchören. Der ältliche Bischof tritt an ein offenes Fenster am Erker seines Hauses. Er will etwas sagen. Doch dazu kommt er nicht. Er wird niedergebrüllt und dann mit Eiern beworfen. Noch heute empfinde ich Abscheu vor diesem unwürdigen Geschehen. Die Erinnerung an diese Zeit widert mich an, ein Unwohlsein kommt hoch angesichts solcher Menschenverachtung.

Für unsere Wohnanlage ist ein ›Blockwart‹ zuständig. Er hat die Aufsicht, allabendlich kontrolliert er die Verdunkelung der Wohnungsfenster. Beanstandungen meldet er an die nächsthöhere Instanz. Die Kriegsfront rückt näher, verläuft längst im eigenen Land. ›Licht ist das sicherste Bombenziel‹ – weiß das Plakat des Reichsluftschutzbundes auf der Litfaßsäule an der Straßenkreuzung. Da der Blockwart weiß, dass wir nicht hinter ihm und seinen Naziideen stehen, schreit er jeden Abend im Hof hinterm Haus unseren Familiennamen: »Maader, kleben Sie sofort den Lichtspalt an Ihrem Fenster ab!« Alle hören es. Und die meisten wissen, dass es nicht stimmt, dass wir die Anordnung missachten. Aber keiner sagt etwas. Keine begehrt auf. Man muss gehorchen. Und die kleingeistigen Wichtigtuer wie unser Blockwart sind für die Nazipartei wichtig. Sie leben deren

Macht auf der untersten Ebene aus, drangsalieren die Mitmenschen und halten sie in Schach. Ich werde nicht damit fertig, dass jemand in mein Leben und das meiner Familie eingreift.

*

Als der Krieg zu Ende und der nationalsozialistische Wahn vorbei sind, klingelt eines Abends der ehemalige Blockwart an unserer Wohnungstür. Er hat längst nichts mehr zu melden, will aber, dass wir ihm bescheinigen, er sei nur ein mitgelaufener Nazi gewesen. Er braucht einen im Volksmund sogenannten Persilschein. Im Sinne des Werbeslogans ›Keiner wäscht reiner‹ sollen wir mithelfen, ihm eine weiße Weste zu bescheinigen. Er habe das alles gar nicht tun wollen, versichert er uns eifrig, und es sei doch bekannt, dass er im Grunde ein guter Mensch ist. Mein Vater dreht sich im Türrahmen um und lässt ihn stehen.

Der Würzburger Gauleiter, ein Zahnarzt, hat sich zum Schluss bei Kriegsende einfach abgesetzt. Irgendwann kam er zu meinem damaligen Chef in den Betrieb und wollte ihn ebenfalls zu der Aussage verleiten, er sei doch kein Nazi gewesen, er habe nur den Menschen helfen wollen. Er hätte lediglich als Befehlsempfänger gehandelt.

Wie viele haben so agiert? Erst viele Jahre nach Kriegsende ist manchem so richtig bewusst geworden, was er getan hat. Anderen nie.

Spannweite

Die Hitlerzeit hat es nicht geschafft, mir das Rückgrat zu brechen. Und ich habe mir vorgenommen, nie wieder in Unfreiheit zu geraten – und zu sagen, was ist. Heutzutage kann in Deutschland jeder denken und äußern, was er will. Dabei kommt natürlich auch mancher Unsinn zustande. Aber die Kleingeister und Möchtegerndespoten, die es auch heute gibt, können sich immerhin nicht im Schatten eines unterdrückerischen Systems aufspielen. Auch nicht in dem von Kirchtürmen. Ich weiß, wo ich herkomme und was mein Gewissen prägt. Ich bin dankbar dafür, dass ich meinen Glauben leben und unbehelligt katholisch sein kann. In meiner Kirche kann ich, was sonst, nur frei sein, offen auf andere zuzugehen, ohne ängstlich darauf zu achten, ob mir ein Gernegroß den rechten Glauben abspricht.

Mit diesem Selbstbewusstsein bin ich auf dem Flughafen quasi eine Art Vogelfreier unter den metallenen Vögeln. Hochgewachsen, mit reichlich Spannweite. Bei dem gelandet, was mir entspricht, und gut geerdet. Ich fühle mich ausgesprochen wohl unter den Menschen aller Nationen, Hautfarben und Religionen, die aus den Lüften kommen und wieder in sie aufsteigen. Einige brauchen Beistand, weil sie zu spüren bekommen, dass sie in der Fremde sind. Sie irren herum, suchen und finden nicht, was sie so dringend brauchen. Ich kenne das Gefühl aus eigenem Erleben: Jeder ist anderswo ein Fremder. Wer das nicht einsieht, kommt nicht weit. Ich lerne auch viel von den ausländischen Mitarbeitern und Gästen. Über ihre Kulturen, die Art zu denken und sich auszudrücken. Über die Werte, die sie antreiben, die Freiheit, die sie empfinden – oder die Last des Lebens, die sie mit sich schleppen. Das Kommen und Gehen am Flughafen ist auch ein Geben und Nehmen. Ein Flughafen ist offen, und ich als sein Seelsorger, hoffentlich auch in ausreichendem Maße. Hass, Gewalt und trennende Mauern – dem will ich entschlossen entgegentreten. Die Kirche und der Glaube, von dem ich spreche, sind ein Haus mit vielen offenen Türen.

*

Solange ich mich um eine Kirchengemeinde in Limburg kümmerte, hatte ich keine Ahnung, was ein Muslim glaubt. Wer mit Menschen, die sich zum Islam bekennen, Gespräche führt und sich wirklich auf sie einlässt, begreift schnell: Es sind Mitmenschen, die zwar etwas anders glauben, aber die es in aller Regel genauso gut meinen wie die Christen. Und die einen können mit Terroristen ebenso wenig anfangen wie die anderen. Wie immer bestätigen Ausnahmen die Regel. Am Frankfurter Flughafen und auch in anderen Zusammenhängen habe ich jedenfalls viele Muslime kennengelernt, mit denen ich mich sehr gut verstanden habe.

Eines Tages fragten mich muslimische Freunde, ob sie in der Flughafenkapelle beten können. Denn es ist schwer für sie, in der Betriebsamkeit des Airports ihren religiösen Pflichten nachzukommen. Manche haben dazu einen Gebetsteppich mit einem eingearbeiteten Kompass unterm Arm, durch den man die Gebetsrichtung nach Mekka bestimmen kann. Selbstverständlich stimme ich zu, dass die Kapelle für das Gebet genutzt werden kann. Und ich lege den wunderbar mit einem orientalischen Muster geknüpften Teppich gerne auf der rechten Seite der Kapelle aus. So entsteht eine Gebetsnische. Das Ganze bringt mir Beschwerdebriefe ohne Absender beim Bischof von Limburg ein. Gottlob landen solche Schreiben im bischöflichen Ordinariat an der Lahn in aller Regel im Papierkorb.

Muslimische Beschäftigte und durchreisende Passagiere betreten nach dem Gebet in der Kapelle öfter unseren Seelsorgeraum, um sich für die wohlwollende Geste zu bedanken. Eines Tages steht ein iranischer Ingenieur vor mir. Wir kommen ins Gespräch. Ich frage ihn, warum denn in seinem Heimatland nicht auch umgekehrt für Christen eine solche Möglichkeit eingerichtet wird, etwa auf dem Flughafen von Teheran. Er sagt bedauernd, dass er das auch gerne sehen würde, die Verfassung seines Landes räume eine solche Möglichkeit leider noch nicht ein. »Aber ich freue mich«, fügt er hinzu, »dass ich mir in Deutschland die Freiheit, öffentlich zu beten, nehmen kann und dabei überdies die Verfassung Ihres Landes auf meiner Seite habe.«

Bald darauf kommt ein muslimischer Flughafenarbeiter auf mich zu. Er ist sichtlich erfreut, mich zu sehen. Wir umarmen uns. Die anderen stehen dabei und staunen, weil er sonst gar nicht der Mann ist, der jemandem so einfach um den Hals fällt. Da ist etwas gewachsen zwischen uns. Nichts ist vergeblich, jede Geste, und sei sie noch so klein, kann Türen öffnen. Und es geht zuerst und nur um den Menschen, das sage ich mir immer wieder.

Ein Mensch ist suchend unterwegs, läuft mir über den Weg und fasst Vertrauen. Ich frage ihn, was ich für ihn tun kann. Darauf kommt es an. Wenn sich mein Gegenüber öffnet, einen tieferen Einblick in seine Persönlichkeit gibt, können wir ein tiefgehendes Gespräch führen. Tut er das nicht, bleibt es bei freundlichen Worten. Aber auch die gehen nicht verloren. Manchmal reichen im schnelllebigen Betrieb wenige Minuten, um eine neue Spur zu finden.

Unter den Beschäftigten am Flughafen finde ich auch jüdische Freunde. Sie kommen ebenfalls mit der Bitte um eine Gebetsmöglichkeit zu mir. Und ich stelle ihnen unsere

Sakristei zur Verfügung. Es genügt ihnen, hier eine Menora aufzustellen, den siebenarmigen Leuchter, und die jüdischen Gläubigen zum Gebet einzuladen. Kein großer Aufwand für ein klares Zeichen der Verbundenheit. Die christlichen Gottesdienstgeräte und die Messgewänder wandern derweil in einen tiefen Wandschrank. Der Rabbiner der jüdischen Gemeinde in Frankfurt am Main, weiht die kleine Synagoge ein und versieht sie am Eingang mit einer Mezuzah, einer am Türpfosten befestigten Schriftkapsel. Nun kommen regelmäßig Juden vorbei, Beschäftigte und Passagiere. Auch der Oberrabbiner von New York findet sich auf seiner Durchreise regelmäßig zum Gebet bei uns ein. Er bedankt sich jedes Mal herzlich für die Gastfreundschaft.

Damit kommen wir in die Presse, mit guten Nachrichten aus der religiösen Welt. Die *Rhein-Main-Zeitung* titelt: »Gebete während der Zwischenlandung – Andachtsräume für Gläubige verschiedener Religionen im Flughafen, Bedarf nimmt zu«, und führt aus: »Passagiere muslimischen Glaubens haben derzeit auf dem Frankfurter Flughafen keine Zeit zu verlieren. In Gruppen von 30, 50, manchmal sogar 80 Leuten suchen sie nach der Ankunft oder während einer Zwischenlandung nach Gebetsräumen. Einige tragen weiße Gewänder. Es ist Hadjdj, die Wallfahrtszeit, in der Muslime aus aller Welt zur Kaaba nach Mekka reisen. In Terminal 1 kann ihnen ein katholischer Priester weiterhelfen. Pater Walter Maader, seit 1972 Leiter der katholischen Flughafenseelsorge, weist ihnen den Weg. Christen, Juden und Moslems finden in einem Flughafen mit rund 49 Millionen internationalen Passagieren Zeit zum Innehalten und Beten. Die Airport-Seelsorger helfen gestressten Vielfliegern, ängstlichen Urlaubern, Flüchtlingen – unabhängig von deren Glaubensrichtung«, berichtet das Wochenmagazin *Spiegel* ein paar Jahre später.

»Inzwischen gibt es eine weitere Kapelle im Transitbereich von Terminal 2«, schreibt die *Frankfurter Allgemeine.* »Neben ihr liegen Gebetsräume für Juden und Muslime. ›Insgesamt gibt es fünf Moscheen hier‹, sagt Pater Maader. ›Angefangen hat alles mit diesem Teppich‹, fügt er hinzu und zeigt auf einen gen Mekka ausgerichteten Gebetsteppich in ›seiner‹ Kapelle.«

*

Viele Jahre später wird eine große Moschee im Untergeschoss von Terminal 2 eingerichtet. Der Kulturminister aus der Türkei, eine Art Staatssekretär für Kirchenfragen, lädt den Fraport-Arbeitsdirektor und mich zum Empfang und zum Essen ein. Danach steht die Einweihung an. Weil wir beide Christen sind, wird beratschlagt, ob wir mit hineindürfen oder nicht. Wir dürfen letztlich nicht. Aber nachdem wir nun einmal da sind, lässt man uns die Schuhe ausziehen und führt uns höflich durch den Raum. Dann gehen die Muslime hinein, die Tür wird verschlossen. Wir waren da, wir gehen weg. Es ist nicht unsere Entscheidung.

Immer wieder kommt, auch von Christen, die Frage nach dem einen Gott. Manche sagen: Die Glaubenden sind doch alle gleich, es kommt nicht darauf an, was man glaubt. Na ja, meine ich, so gleich sind sie nun auch wieder nicht. Muslime, Juden, Christen – wir haben den gleichen Gott, aber nicht denselben. Wir haben in den heiligen Schriften überlieferte Offenbarungen, die sich nicht in allem decken. Weihnachten als Geburt des Gottessohnes, den eine Frau zur Welt bringt, feiern nur die Christen. Für sie gehört die Auferstehung von den Toten, die Jesu Christi und unsere mit ihm, zum Kern des Glaubens. Anderen geht das zu weit.

Für sie ist es nicht zu fassen, dass Gott seinen Sohn am Kreuz sterben lässt.

Ich denke: Es muss niemanden stören, was die Christen Gott zutrauen. Und es nimmt Gott nichts weg, wenn andere ihn auf ihre Weise verkünden und verehren.

Mir liegt darüber hinaus viel an den Menschen, die den Religionen vorsichtig und zögernd gegenüberstehen. Es freut mich ungemein, dass auch als kirchenkritisch bekannte Medien über unsere Arbeit am Flughafen berichten. Im Verborgenen kann über lange Zeit wachsen, was irgendwann unversehens ans Licht tritt und gewürdigt wird. Ich bin angetreten, das Vertrauen, das der Kirche entgegengebracht wird, zu bestärken und nicht zu verspielen. Da ist jeder Seelsorger für sich gefordert, ohne dass er sich auf andere berufen kann, die es sich in dieser Frage leichter machen. Das Auftreten entscheidet. Die Menschen, denen ich begegne, haben dafür ein feines Gespür.

Nichts fällt vom Himmel

Ich lasse mich durchaus als Person mit all meinen Ansichten infrage stellen, fühle mich niemandem überlegen. Schon gar nicht, weil ich Priester bin. Ein Flughafen ist nicht dazu da, dass der Seelsorger selbstherrlich abhebt. Ein Überflieger ist kein Flieger. Wenn unsere Tür unter dem gelb leuchtenden Schild »Flughafenseelsorge – Chaplaincy Room« einmal stillsteht – was selten genug der Fall ist –, komme ich ins Nachdenken: Wodurch wurdest du zu dem, was und wie du heute bist? Was hat dich geprägt, dass du so unbeschwert in den Hallen und draußen auf dem Vorfeld unterwegs sein kannst?

Ich wurde im Juli 1928, in der Spätzeit der Weimarer Republik, in eine katholische Familie in Würzburg hineingeboren. Es sind unruhige Jahre. Bald übernehmen die Nazis die Macht und erlassen das Ermächtigungsgesetz, mit dem sie ihre politischen und weltanschaulichen Gegner ausschalten. Das führt zum Verbot der Gewerkschaften. Mein Vater ist, wie bereits geschildert, Mitglied einer christlich geprägten Arbeitervertretung und gegen das Regime der Nazis eingestellt. Er arbeitet im Druckereigewerbe, zunächst im Maschinensatz des Verlages der Tageszeitung *Würzburger Generalanzeiger*. Trotz der schwierigen Verhältnisse bleibt er seiner Überzeugung treu. Er kann gar nicht anders.

Wir Kinder, mein Bruder, meine Schwester und ich, werden getauft und wie damals üblich von den Eltern in die Kirche zum Gottesdienst und zu den Sakramenten geschickt. Wir gehen vor Unterrichtsbeginn in die Schulmesse, beichten alle vier Wochen. Bei schönem Wetter wandern wir als Familie sonntags durch die Wälder und Weinberge rund um die Stadt am Main. Der Weg führt uns oftmals zu einer

Waldkapelle. Dort feiern wir mit anderen Wandergruppen die heilige Messe mit. Das ist so üblich im katholisch geprägten Unterfranken. Ich erlebe eine geborgene Kindheit, eingebettet in den Glauben.

In der Schule gibt es Religionsunterricht, an dem wir gerne teilnehmen. Vom Fenster des Klassenzimmers aus kann ich in den Pfarrgarten schauen. Ich sehe heute noch, nach so vielen Jahren, unseren Geistlichen Rat bei schönem Wetter betend mit seinem Brevier auf und ab gehen. Damals dachte ich: Der hat es gut. Er kann zwischen den Blumen herumlaufen, und wir müssen in der Schule sitzen. Unser Glaubensleben wird zu dieser Zeit durch keinen Eingriff von außen beeinträchtigt. Jedenfalls bemerke ich davon nichts.

Das geht so lange gut, bis die Nazis auf uns Kinder zugreifen und uns den Glauben madig machen wollen. Dass ich eine Seele habe wie jeder Mensch, habe ich gelernt. Warum es auf einmal eine deutsche Seele sein soll, leuchtet mir nicht ein. Wer in Gottes Hand ist, braucht keinen allmächtigen Führer. Wenn es um den Gottesdienstbesuch am Sonntagmorgen geht, spüren wir bald den Druck von oben. Eine Vorabendmesse gibt es noch nicht. Also müssen wir in aller Frühe zur Kirche gehen. Denn während des späteren Hochamts ist das Antreten der Hitlerjugend Pflicht. Wer da fehlt, bekommt Probleme. Beim Jungvolk, einer Vorstufe der Hitlerjugend, können die Eltern noch eine Entschuldigung schreiben: Unser Sohn hat Bauchweh, schreibt meine Mutter am Küchentisch in ihrer gestochenen Handschrift auf einen Zettel, und kann deshalb nicht am Appell teilnehmen.

Später, bei den Größeren, ist das nicht mehr möglich. Da klingelt die Polizei und überprüft die Aussage der Eltern. Die jungen Leute müssen – so die Auffassung der Nationalsozialisten – von der Kirche ferngehalten werden. Die Burg Rothenfels bei Lohr am Main, ein Treffpunkt der katholischen Jugend, lerne ich erst kennen, als die Hitlerjugend alles übernommen und die Burg einfach besetzt hat. Die HJ-Führer veranstalten mit uns dort ein Kakao-Wetttrinken. Wer die meisten Tassen trinkt, gewinnt. Jeder muss mitmachen. Mir ist nur noch schlecht. Ich fühle mich angewidert, gründlicher kann man mir das herrschende Regime nicht vergällen. Geistloser geht es nicht.

Der Staat hat für mich verspielt, umso mehr zählt die Familie. Ich habe einen Vater, der am eigenen Leib zu spüren bekommt, dass im Nazireich für ihn kein Platz ist. Aber er befiehlt uns nicht, dass wir uns Gewalt antun, wie es manches Nachbarskind erlebt. Gelobt sei, was hart macht, bekommen die von ihren Eltern zu hören. Wenn sie gerufen werden, müssen sie mit ›Jawohl‹ herbeieilen. Wir nicht. Ich werde nicht für die Macht erzogen, ich muss auch kein flinker, zäher, harter Kerl werden, wozu manche Väter ihre Söhne anstacheln. Mir werden am Mittagstisch keine Feindbilder eingetrichtert, auch nicht die Gleichung: Entweder liegen wir am Boden oder die anderen. Alles, das alles, bleibt mir erspart. Und meine Mutter? Für die bin ich einfach ihr Kind, wie meine Geschwister. Der wäre nie eingefallen, eigenen Ehrgeiz sanft oder auch unsanft an mir auszulassen.

Dank meiner Familie wachse ich sicher und unbeschwert im Glauben. Ich bilde mir darauf nichts ein, hege keine Abscheu gegen Andersdenkende und Andersartige, solange sie mich gelten lassen. Die Freude am Leben lasse ich mir nicht nehmen. Ich bin gerne zu Hause, weil meine Eltern uns nichts einreden. Ich bemerke freilich, wie manche, die es zu Hause nicht so leicht haben, in der Hitlerjugend eine Art Ersatz sehen. Manche suchen dort Geborgenheit, andere wollen ihr Geltungsbedürfnis stillen, weil sie sich daheim unverstanden fühlen. Die verfallen der Propaganda und wollen die anderen mitreißen. Das hat mit meinem Leben nichts zu tun, und dafür bin ich meinen Eltern dankbar. Ich komme auf meine eigenen Beine, weil meine Eltern auf ihren eigenen stehen.

Durchstarten

Wer standfest ist, kann in Bewegung sein. Die Unruhe des Flughafens überträgt sich selten auf mich. Ich setze mich der Hektik aus, ohne sie einzulassen: Kommen und Gehen vor der endlosen Reihe der Ankunft- und Abflugschalter, Rolltreppen rauf und runter, ratternde Förderbänder, auf denen die Gepäckstücke ihre Runden drehen, tausend Hinweis- und Orientierungsschilder. Stimmengewirr, überall Cafés und Imbissläden. Flanierende, eilende Passagiere und Wartende. Dösende, Telefonierende auf mehr oder minder bequemen schwarzen Ledersesseln. Letzte Gespräche mit Freunden, der Familie oder Geschäftspartnern. Und warten, immer wieder warten – auf den Check-in, auf Informationen, wie und wann es weitergeht, bis man in der Maschine zur Startbahn rollt.

Die Zwischenzeit, die die Fluggäste auf dem Flughafen verbringen, passt gut zur Kirche. Auch sie lebt zwischen zwei Ereignissen, dem Leben Jesu vor zwei Jahrtausenden und seiner Wiederkunft am undatierten Ende der Zeit. Das Leben der Christen auf dieser Erde wird von alters her als ein Zwischenstadium gedeutet. Sie liegt zwischen dem Abflug Jesu, für den seine Himmelfahrt steht, und der erneuten Landung, weil er, wie die Christen wissen, wiederkommen wird, mit Flugkörpern übrigens, den Engeln. Die Seelsorge, um die ich mich kümmere, ist vorläufig, vorübergehend. Ich muss mich in ihr nicht einrichten. Das würde nicht passen. Ich will es nicht. Zwischendrin will ich sein und immer wieder durchstarten.

Wie weit die Menschen auch reisen – die Gemeinschaft der Kirche ist schon da. Sie ist vor Ort für sie da. Sie nimmt an der Buntheit der Weltgesellschaft teil, sonst wäre sie langweilig. In ihrer Zwischenzeit bewegt sie sich über den ganzen Erdball. So sehe ich es zumindest als Ideal an. Wir Christen sind keine Langweiler am zentralen Drehkreuz Rhein-Main, und wir wollen gerne teilen, was wir erfahren haben. Die Leute aus allen Windrichtungen sollen keine Schwellenangst bekommen, wenn sie uns begegnen. Wir sprechen Deutsch und Englisch. Ich selbst zudem Italienisch und Französisch. Eine ehrenamtlich bei der Flughafenseelsorge engagierte Dame, ehemalige »Lufthanseatin«, ist Ägypterin. Sie spricht arabische Sprachen, eine andere, die sich an dieser Stelle engagiert, stammt aus Schanghai und spricht Hochchinesisch. Auch Polnisch und Russisch sind durch Muttersprachler vertreten. Und natürlich Spanisch und Portugiesisch, die Sprachen Südamerikas. Wenn das nicht genügt, rufen wir eine Airline an. Das Personal aus aller Welt hilft uns gerne weiter und dolmetscht im Zweifelsfall, wenn es nötig ist.

Jeder, der an unserer Eingangstür vorbeigeht, kann tief in unsere Räumlichkeiten hineinschauen. So wird jedem klar: Da lauert nichts Gefährliches, und er tritt ein. Jeder ist willkommen, jede wird freundlich begrüßt. Niemand muss angeben, woher er kommt, wohin er geht. Wir sind kein Schalter, kein Check-in, keine Grenzkontrolle. Keiner wird gefragt, ob er einer Kirche angehört. Wer kommt, setzt sich dazu. Die einzige Frage, die wir an ihn richten, lautet: Was können wir für Sie tun? Was kann ich für dich tun?

Diese Frage stellt Jesus vor zweitausend Jahren auf der Straße nach Jericho einem Blinden. Was soll ich für dich tun? Der Mann ist um eine Antwort nicht verlegen. Und Jesus tut, was er kann. Das war's damals, und das ist es heute. Wir tun, was wir können. Gelandet, gestrandet – und jetzt hier bei uns. Willkommen! Vielleicht sehen wir uns nur einmal im Leben. Ich weiß nie, wer im nächsten Augenblick vor mir steht. Wenn man den Evangelien glaubt, ging es Jesus nicht anders.

Bei mir ist es am heutigen Tag ein Obdachloser, der ein wenig Geld für Zigaretten schnorrt und es wie jedes Mal bekommt, außerdem kümmere ich mich mit dem Team um seh- und gehbehinderte Menschen, allein reisende Kinder und ältere Personen, die wir zum Check-in begleiten. Und, auch nicht zum ersten Mal, treffen zwei Bestohlene ein, die dringend telefonieren wollen und erleichtert sind, dass wir ihnen helfen, die richtigen Stellen zu informieren. Ein Franzose mit einem vermutlich ansteckenden Hautausschlag treibt sich seit Tagen im Terminal herum, bis er an uns verwiesen wird. Dazu kommt eine Mittellose, die ein Essen und ein Bett braucht. Die junge Kolumbianerin mit einem Kind auf dem Arm, eben aus Bogota eingetroffen, drückt mir einen winzigen Zettel mit einer deutschen Telefonnummer, die nur schwer zu entziffern ist, in die Hand. Ich wähle die Nummer ein ums andere Mal und werde immer wieder kalt abgefertigt: »Kein Anschluss unter dieser Nummer.« Darauf vermittle ich die Frau und ihr Kind an eine karitative Einrichtung, wo sie erst einmal bleiben können.

*

Ein amerikanischer Geschäftsmann kommt völlig aufgelöst zu mir. »Ich wurde bestohlen«, seufzt er und erzählt gleich weiter: »Ich bin auf einem Sessel im Terminal wohl einen Moment eingeschlafen, hatte vorher mein Köfferchen, das ich normalerweise an der Hand angekettet trage, einfach so neben mich gestellt. Als ich wieder zu mir komme, ist das Gepäckstück weg, mit allen Ausweisen, dem Bargeld und vor allem den wichtigen Geschäftspapieren, derentwegen ich unterwegs bin, für ein großes Auslandsgeschäft – ich muss unbehelligt mit meiner Firma in USA ein Telefonat führen.« Ich lasse ihn zum Telefonieren in meinem Büro allein und warte im Vorzimmer. Als der Mann seine Gespräche erledigt hat, bedankt er sich und sagt zu mir: »Wissen Sie, ich habe vorher anderswo versucht zu telefonieren, aber man hat mich überall abgewiesen. Sie haben einfach gesagt: Hier ist das Telefon, bitte. Um ehrlich zu sein: Ich habe bisher von der Kirche nicht viel gehalten. Ich glaube, ich muss meine Meinung ändern.«

In unserem Besucherraum sitzt ein Kardinal neben einem Wohnsitzlosen, der Atheist neben dem überzeugten Christen. Sie nehmen Platz, wie sie eintreffen, und kommen unversehens ins Gespräch. Da lernt der eine vom anderen. Und man hilft sich auch gegenseitig. Einer sieht, dass ein anderer ein wenig Geld gut gebrauchen kann, und steckt ihm etwas zu. Das ist Hilfe von Hand zu Hand, ohne dass wir als Mitarbeiter in irgendeiner Weise involviert wären. Es kommt auch schon einmal vor, dass wir sogar beim Essen in der Mittagspause nicht unter uns sind. Hungrige Besucher sitzen mit am Tisch, Teller werden dazugestellt. Jemand spricht ein Tischgebet in seiner Muttersprache. Und es reicht irgendwie immer für alle.

Dabei kommt dem einen oder anderen Gast anscheinend das Zeitgefühl abhanden. In unserem Besucherraum hängt deshalb ein Monitor, der stets den aktuellen Flugplan zeigt. Wir haben ihn sorgfältig im Blick, und informieren unsere Gäste, wenn es Zeit wird zu gehen, denn Flieger warten nicht. Der eine zieht los, der andere tritt ein, der Stuhl bleibt nicht lange leer. Es geht eher munter zu. Wenn es bei Meinungsverschiedenheiten zu bunt wird, achten wir darauf, dass kein Streit entsteht, und lenken, wenn nötig, durch Zwischenbemerkungen die Gespräche in eine andere, friedliche Richtung. Das ist besser für die Seele eines jeden.

In die Luft gehen

Auf einem Flughafen gibt es natürlich immer wieder auch technische Probleme. Oftmals kurz vor dem planmäßigen Abflug. Die Stromversorgung in der Maschine bricht zusammen, es ist nicht klar, ob sie überladen ist, oder die Landeklappen fahren bei der Überprüfung nicht aus. Es liegen Gegenstände auf der Rollbahn, ein Landescheinwerfer ist defekt, der Bordcomputer muss neu gestartet werden. Im Laufe der Jahre habe ich schon viel erlebt. Die Seelsorge kümmert sich um die nichttechnischen Fragen am Flughafen. Probleme ohne Zahl. Dazu ein großes Sprachgewirr. Unvorhergesehenes am laufenden Meter. Da würde mancher in die Luft gehen, wir nicht.

Ein Passagier wird durch zwei Airline-Mitarbeiter zu uns geleitet. Man muss kein Fachmann sein, um recht schnell zu erkennen, dass diesem Menschen nur durch einen Aufenthalt in der Psychiatrie geholfen werden kann. Das kommt öfter vor. In solchen Fällen rufen wir einen Arzt. Der bestätigt letztlich unsere Einschätzung: Der Mann muss in eine Klinik eingewiesen werden. Dafür sind zwei Polizisten hinzuzuziehen. Diese müssen beide zustimmen, damit die Einweisung erfolgen kann. In diesem Fall stimmt der eine zu, der andere nicht. Wir müssen den Fluggast also wieder in die Halle hinausschicken. Er ist ein freier Mann. Er verbringt drei Tage und zwei Nächte auf dem Flughafen. Dann hält er es nicht mehr aus, taucht wieder bei uns auf und stimmt schließlich einer Behandlung zu. Er braucht sichtlich Hilfe. Jeder, der nicht mehr weiterweiß, kann sich uns anvertrauen. Behandeln können wir selbst niemanden. Ich bin froh, dass ich meine Grenzen kenne und einhalte.

Ein außergewöhnliches Wesen kommt zu uns hereingeschwebt. Sie ist Amerikanerin. In einem geschlossenen Korb trägt sie eine wunderschöne Angorakatze. Wir tischen Kaffee und Kuchen auf. Der Dame ist es ein großes Anliegen, von ihrer Katze zu erzählen. Es handle sich um die Königin von Saba, klärt sie uns auf. Sie wolle nun mit ihr nach Arabien fliegen, um ihr die Heimat zu zeigen. Na ja, denke ich mir, das ist ein verhältnismäßig einfacher Fall. Da machen wir kein Problem daraus. Da verlangt die Dame für ihren Schützling einen Napf Wasser. Sie öffnet den Käfig, und die muntere Katze läuft mir nichts, dir nichts davon. Im Handumdrehen ist sie nicht mehr zu sehen, die Königin von Saba ist spurlos verschwunden. Ohne meine Katze reise ich nicht weiter, stellt die Dame energisch fest.

An ihrem geschweiften, edelsteinbesetzten Brillengestell lese ich ab, dass sie gut betucht sein muss. Sie quartiert sich im Flughafenhotel ein und beehrt uns fortan den Rest der Woche über jeden Tag. Der ganze Airport weiß Bescheid, jeder Mitarbeiter im Terminal, am Gepäcksförderband oder sonst wo. Jede Streife, die unterwegs ist, hält Ausschau und fragt: Hast du nicht die Königin von Saba gesehen? Aber Ihre Hoheit zeigt sich nirgendwo.

Der vierte Tag beginnt. Die Dame ist inzwischen ob des Verlustes vollkommen am Boden zerstört. Da kommt die Königin von Saba seelenruhig in unseren Seelsorgeraum hereinspaziert. Von selbst war sie fortgelaufen, von selbst stellt sie sich wieder ein. Sie begibt sich stracks in ihren Korb, und ab geht es mit dem nächsten Flug nach Arabien.

*

Ein Flugkapitän nimmt keine betrunkenen Passagiere mit. Oftmals bittet man uns, sie im Auge zu behalten und, wenn sie wieder nüchtern sind, in den nächsten Flieger zu setzen. An diesem Abend sind es drei Skandinavier. Über Nacht können wir sie nicht hier in den Seelsorgeräumen behalten. Eine Mitarbeiterin verweist sie auf die Sesselreihen eine Etage tiefer. Da können sie schlafen. Am nächsten Morgen wollen wir sie ausgenüchtert zum Flugsteig bringen und bemerken: Sie sind weiter nicht reisefähig, sondern immer noch betrunken. Besser gesagt: schon wieder.

In der Nacht sei ihnen ein Wunder geschehen, sagen sie. Gegen Mitternacht seien sie aufgewacht und hätten Bier und Schnaps herumstehen sehen, Dosen und Fläschchen. Wegen der trockenen Luft haben sie dankbar alles leer getrunken. Wie um uns gnädig zu stimmen, fügen sie hinzu: »Während wir schliefen, hat uns der Herrgott geholfen.« Ich erkläre mir das weniger fromm: Vermutlich haben andere Passagiere die Getränke für sich gekauft, mussten dann aber eilig weiter zu ihrem Flieger und durften den restlichen Alkohol nicht mitnehmen. Den Seinen gibt's der Herr im Schlaf, sagt der bibelfeste Volksmund.

*

Andere Momente, andere Getränke. Die Lufthansa fliegt 28 Kinder aus dem verstrahlten Tschernobyl und deren Betreuer ein. Sie sind zur Erholung nach Portugal eingeladen und können erst am nächsten Tag weiterfliegen. Wir werden gebeten, sie zu betreuen. Das machen wir gerne. Für die Nacht wird unsere Kapelle mit Matratzen ausgelegt. Das ist für die Kinder etwas ganz Besonderes. Sie sind voll dabei. Am nächsten Morgen gibt es, unterstützt von der Flughafengesellschaft, ein Frühstück. Wir wärmen Milch für sie auf. Alle wehren ab. Nein, bloß keine Milch, die ist verseucht. Was nun? Meine Mitarbeiterin rührt Kakaopulver hinein. Den Kakao trinken die Kinder dann mit großer Freude. Und wir freuen uns mit.

Das Gegenteil von Freude erleben wir mit einem jungen Mädchen, fast noch ein Kind. Sie flüchtet zu uns. Ihre Eltern haben sie einem mehr als 30 Jahre älteren Onkel als Braut zugesagt. Der stand in der Ankunftshalle, um sie mit in die Türkei zu nehmen. Die Eltern und er sind ihr auf den Fersen. Sie weigert sich, mitzugehen. Die Situation eskaliert. Wir greifen zum letzten Mittel, rufen die Polizei. Die Beamten versuchen, den Angehörigen klarzumachen, dass ein Mädchen in Deutschland selbst darüber entscheidet, wen es heiratet oder wen nicht. Davon wollen die erbosten Eltern nichts hören. Die Polizei geleitet die junge Frau zu ihrem Schutz ins Revier. Äußerst verärgert ziehen Eltern und Onkel ab. Der Bräutigam fliegt unverrichteter Dinge nach Hause. Lange kann ein solcher Gewahrsam natürlich nicht aufrechterhalten werden. Das Mädchen hat zu der Zeit keine Wahl. Es kehrt früher oder später in die Familie zurück und steht fortan unter strenger Aufsicht. Und das ist kein Einzelfall. Bei solchen Erlebnissen wird man traurig und spürt, dass man machtlos ist.

Weiche Landung, harte Landung

Wenn man sich nicht ablenken lässt, hat man während eines Fluges eine Art Lebenspause. In der mag manches hochkommen. Ortswechsel können zu denken geben. Manche holt die Vergangenheit schneller ein, als ein Flugzeug unterwegs sein kann. Der Traum vom Fliegen kann bisweilen ein Albtraum werden, ein Überschallmoment zu einem fürchterlichen inneren Knall führen. Da kann der Pilot noch so weich aufsetzen, der Passagier erlebt die Landung mit voller Härte.

Sie sind also auch eine Art Meditationsbegleiter und Exerzitienmeister, sagt einmal jemand zu mir. Das ist nicht ganz falsch. Auf jeden Fall haben wir eine gut besuchte Kapelle. Die Leute kommen aus den Wolken und müssen loswerden, was ihnen die Stille beschert hat, vor allem unangenehme Erinnerungen.

*

Fluggäste sind selten als Wallfahrer unterwegs. Sie gleichen in manchem dennoch den Pilgern. Sie haben sich auf den Weg gemacht, fort von ihrem Zuhause, mit wenig beweglicher Habe, meist ohne ihre Lieben, manchmal einsam. Es zeigt sich, dass man den Fragen und Widrigkeiten im Leben nicht davoneilen kann. Die fliegen mit. Und sie melden sich auf Reisen eher als im Alltag zu Hause. Da ist es willkommen und vielleicht auch ein Trost, zwischen zwei Flügen auf einfache Formen kirchlichen Lebens zu stoßen, auf die Gelegenheit zur Stille oder um sich einmal auszusprechen.

Während meiner Zeit in der Pfarrgemeinde war das Kirchengebäude mit seinem Turm unschwer zu finden. Ein Flughafen dagegen wird nicht um eine Kirche herum gebaut.

Unsere Kapelle im Terminal 1 liegt zunächst in der Transitzone, weit weg von unseren Besucherräumen im Inlandsbereich. Das bedeutet für uns und jeden Passagier, der mit uns sprechen will, nicht nur lange Wege. Man muss auf dem Weg zur Kapelle formal aus der Bundesrepublik aus- und wieder einreisen. Das wird mit den Jahren umständlich, weil der Transitbereich aus Sicherheitsgründen immer mehr abgeschottet wird. Die Kontrollen werden zeitraubender. Es gelingt irgendwann, einen neuen Standort im Inlandsbereich zu ergattern, gleich neben unseren Räumen im Terminal 1. Die amerikanische Fluggesellschaft TWA geht in Konkurs und gibt ihre bisherige Lounge auf. Des einen Pech ist des anderen Glück. Nun können die Leute leichter zu uns finden, ausgenommen die Transitpassagiere, die in Frankfurt nur umsteigen und kein Visum für die Bundesrepublik haben. Später, als das Terminal 2 in Betrieb gehen wird, können wir wieder einen Andachtsraum im Transitbereich einweihen.

Ich will gerade unsere neue Kapelle verlassen und in mein Sprechzimmerchen gehen, als eine Frau mit Tränen in den Augen hereinkommt. »Kann ich hier weinen?«, fragt sie. Und noch mal: »Darf ich bei Ihnen weinen?«

»Das können Sie gerne«, sage ich. »Was bedrückt Sie denn?«

Sie erzählt mir ihre Geschichte, die wirklich zum Weinen ist. Sie trauert um eine zerbrochene Beziehung, eine große persönliche Enttäuschung. Wie gut, dass wir den Ort, die Kapelle, hier haben, denke ich nachher. Wo soll man auf einem Flughafen weinen? Überall sonst würde das seltsam wirken, irgendwie deplatziert. Die Passagierin hat das gespürt und kommt zu uns.

Mal weinen, mal schmunzeln. Anderntags macht sich ein junger Mann am Altar der Kapelle zu schaffen. Auf der beigen Steinplatte, die von vier runden Edelstahlsäulen getragen wird, steht eine geöffnete Konservendose. Er hat eine der Altarkerzen entzündet und wärmt an der Flamme ein Würstchen, das er auf sein Klappmesser gespießt hat. Auf einer Papierserviette liegt ein Stück Brot. Ich frage ihn: »Was machen Sie denn da?« Er schaut mich mit großen Augen an. »Ich habe Hunger und brate mir ein paar Würstchen.«

»Das sehe ich, aber das müssen Sie doch nicht hier machen. Kommen Sie zu uns herüber. Wir braten Ihnen Ihre Würstchen auf dem Herd. Sie können dann bei uns essen. Und etwas zu trinken haben wir auch für Sie.« So weit habe er nicht gedacht. Er nimmt das Angebot jedenfalls dankbar an.

*

Ein andermal bin ich dabei, den Altar für die heilige Messe vorzubereiten. Ich stelle die Kristallkännchen mit Wasser und Wein auf die Altarplatte, gehe dann wieder zurück in die Sakristei und lege die Lesebänder an die für den Tag vorgesehenen Stellen in die Gottesdienstbücher ein. Als ich in die Kapelle zurückkomme, fällt mir auf, dass das Kännchen mit dem Wein leer ist. Das kann doch nicht sein. Ich weiß doch genau, dass ich beide gefüllt habe. Der erste Besucher sitzt bereits eine geraume Weile da. Ich frage ihn, ob er zufällig etwas beobachtet hat. Er verneint, fügt aber nach kurzem Zögern hinzu: »Sie fragen, weil das Weinkännchen leer ist. Das habe ich ausgetrunken. Wissen Sie, ich bin die ganze Nacht hindurch geflogen und hatte schrecklich Durst.«

»Das ist doch kein Problem«, erwidere ich. »Kommen Sie zu uns herüber in den Besucherraum, dort erhalten Sie ein Glas Wasser.«

»Lassen Sie mal«, sagt er, »Wasser trinke ich nie.«

In der Kapelle passiert auch sonst das eine oder andere. Manches ist bloß etwas ungewohnt, anderes ist echt unschön. Eigenartigerweise riecht es ab und zu in der Kapelle nach Urin. Oder ein Besucher spritzt den Inhalt von mehreren Feuerlöschern in die Kapelle. Zweimal kommen wir in der Frühe und finden die Kapelle voller weißem Pulver. Es sieht aus, als ob es geschneit hätte. Die Feuerlöscher liegen kreuz und quer auf dem Boden. Tagelang haben die Reinigungsdienste zu tun, bis der Raum wieder einigermaßen sauber ist. Nach der zweiten Schaumattacke muss die Kapelle renoviert werden. Wer macht so etwas? Für mich steht fest: Ganz nüchtern kann der ungebetene Gast nicht gewesen sein.

Höhenflüge

Zu den Gottesdienstzeiten unterbrechen wir die sonstigen Tätigkeiten. Der Besucherraum ist geschlossen. An der Tür hängt ein Pfeil mit der Erläuterung: »Sie finden uns nebenan, wir sind gerade in der Kapelle.« Die Leute kommen herüber, stellen oder setzen sich dazu, wenn wir einen Gottesdienst feiern. Nicht wenige Gäste sagen, es habe ihnen gutgetan, dabei gewesen zu sein. Das gilt auch für uns. Da holen wir uns die Kraft für unseren Dienst. Unsere Arbeit muss aus der Mitte kommen, sage ich mir immer wieder, und diese Mitte ist in mir. Ich bin aufmerksam nach innen. Der Heilige Geist in uns ist Liebe. Und diese Liebe macht es möglich, einfühlsam, umsichtig, wirksam und erfolgreich für die Menschen da zu sein. Das ist es, was Gott von uns erwartet.

Aus dem ganzen Rhein-Main-Gebiet kommen Gottesdienstbesucher zu uns auf den Flughafen. Wenn man ihn nicht täglich betritt, stelle ich mir vor, kann ein Flughafen eine erhebende, reizvolle, festliche Atmosphäre ausstrahlen, in die sich kirchliche Handlungen gut einbetten. Wir legen Wert auf eine flughafengerechte Liturgie. Die Feier dauert in der Regel eine knappe halbe Stunde. In der Kürze liegt die Würze. Vor dem Gottesdienst erkundige ich mich, aus welchen Ländern die Anwesenden stammen. Zum Deutschen kommen Englisch, Italienisch, Französisch und Latein, damit jeder Teilnehmer Vertrautes hört. Es wird nicht übersetzt, die Sprachen wechseln abschnittsweise. »Abwechslung bereichert«, meint ein Besucher.

Den zweiten Teil der Feier, die eigentliche Eucharistie, pflege ich in lateinischer Sprache zu feiern. Nicht selten höre ich danach die Leute sagen: »Wir verstehen einander nicht, aber der Wortlaut hat uns geeint.« Du stehst hier für die weltweite Kirche, sage ich mir manchmal, während ich die liturgischen Gewänder in der Sakristei ablege. Wo soll dies spürbarer sein als auf einem Flughafen? Was ist selbst der Vatikan in Rom anderes als eine Art geistlicher Airport. Menschen wenden sich kommend und gehend in ihrer Vielfalt dem einen Gott zu, alles mag in eine Einheit münden, in der Buntheit des gewachsenen Lebens bis an die Enden der Erde. »In diesem Umfeld spüre ich tiefer, worauf es im Gottesdienst ankommt«, sagt ein Herr. So katholisch-allumfassend geht es bei uns im Terminal-Seelsorgezentrum täglich zu. Das Kirchenjahr und die Lebensstationen der Menschen berühren sich, wie ich es oft bei meiner kurzen Ansprache thematisiere. Ich versuche das Wesentliche auch auf Englisch zu sagen, in der Verkehrssprache der Luftfahrt. Da will jedes Wort vorher gut durchdacht sein.

*

In der Kapelle sind wir oft festlich gestimmt. Die Hochfeste des Kirchenjahres, Weihnachten, Ostern, Pfingsten, feiern wir mit allem, was die Liturgie hergibt. Zu einem Jubiläum bekomme ich von Flughafenfreunden ein Weihrauchfass geschenkt, wie man es bei festlichen Gottesdiensten verwendet. Der Weihrauch ist Zeichen der Verehrung der Gegenwart Gottes und auch ein Sinnbild für das Gebet der Teilnehmer, das in unserer Kapelle wie in jeder Kirche zu Gott aufsteigt. Bei einem feierlichen Gottesdienst benutze ich das kleine Gefäß zum ersten Mal. Der Messdiener schwingt den Weihrauch mit Begeisterung, es qualmt ordentlich. Und zwar so lange, bis die Feuerwehr erscheint, mit schwerstem Gerät. Die Rauchmelder haben Großalarm ausgelöst: Es brennt in Terminal 1! Ein Fehlalarm, natürlich. Wir löschen die Kohlestücke, würdigen den unerwarteten Besuch und fahren mit dem Gottesdienst fort. Und das Rauchfass hat mit der Premiere gleichzeitig auch schon seinen letzten Einsatz erlebt.

So werden uns immer wieder einmal die Flügel gestutzt, aber, denke ich mir lächelnd, als der Weihrauch und die Feuerwehr sich verzogen haben: Was brauchen wir ein Weihrauchfass für einen Gottesdienst? Wie viel wichtiger sind die Gebete der Menschen. Diesen Geist spüren die Leute, da bin ich mir sicher, auch an Pfingsten, wo wir vom Sprachengewirr der biblischen Erzählung nicht nur als Lesung hören, sondern es erleben, wie jeden Tag. Vieles aus der Bibel veranschaulicht sich bei uns hier ganz von selbst.

*

Ein anderer Höhenflug gelingt ganz ohne Weihrauch. Ein junges Brautpaar steht im Seelsorgeraum und sieht mich erwartungsvoll an. Nach ein paar belanglosen Sätzen fassen sie sich ein Herz und bitten, gut begründet, um die kirchliche Trauung, und zwar in einem Flugzeug. Daran führt für die beiden nichts vorbei. Darauf wäre ich nie gekommen. Der ungewöhnliche Wunsch wird dem zuständigen Bischof vorgelegt. Zu meiner Erleichterung nimmt uns der Limburger Oberhirte ernst. Er zeigt Herz und entspricht der Bitte bedenkenlos. Ich erhalte die Erlaubnis zur Assistenz bei der Spendung des Ehesakramentes. So findet am 1. Juli 1977 zwischen 12 und 13 Uhr die erste katholische Trauung über den Wolken statt. Meines Wissens der zweite Luft-Gottesdienst, nach der Messe des »Fliegenden Paters« Paul Schulte 1936 in der Gondel eines Zeppelins.

Das Brautpaar hat eine Turboprop-Maschine Typ SD3–30 SHORTS gechartert. Wir stellen einen Trage-Altar hinein. Gestartet und gelandet wird in Frankfurt/Main. Getraut wird, während wir hoch über dem Limburger Dom kreisen. Die Flugkoordinaten während der Trauungszeremonie werden sorgfältig notiert. Schließlich sind Braut und Bräutigam als Lufthanseaten vom Fach: 8° 5' östliche Länge und 50° 23' nördliche Breite weist die Trauungsurkunde aus. Die genauen Angaben sind für die Gültigkeit dieses Rechtsaktes wichtig. Und die Zeremonie muss im Bereich der Diözese Limburg stattfinden. Zum Glück liegt der Dom, der auch aus 3000 Metern Flughöhe deutlich zu sehen ist, mittendrin und bietet gute Orientierung. Der Luftraum als Seelsorgeraum. Es ist mir nicht bekannt, dass es eine weitere katholische Hochzeit während eines Fluges gegeben hat. Bei der anschließenden Feier nach der Landung wird von den Vermählten eine Torte in Form eines Fliegers angeschnitten. Ich lasse mir ein großes Stück davon schmecken und wünsche dem Brautpaar allzeit guten Flug.

*

Auf die Höhe folgt wieder die Ebene. Das einzig Festgelegte in unserem bewegten Seelsorgealltag bleibt die tägliche heilige Messe um 9:00 Uhr. Daran lasse ich nicht rütteln. Die Messe fällt in all den Jahren meines Dienstes am Flughafen nicht ein einziges Mal aus. Statt Glockengeläut meldet sich eine angenehme Frauenstimme aus dem Lautsprechersystem des Flughafens und lädt Passagiere wie Mitarbeiter zum Gottesdienst in die Kapelle auf der Empore der Halle B ein. Gegenüber der größten Sitzgruppe des Terminals führt eine Treppe nach oben. Je höher man steigt, desto stiller wird es. Das Stimmengewirr klingt ab, alles verläuft ruhiger. Vor und nach dem Gottesdienst können die Besucher oder Mitarbeiter eine Kerze anzünden, still vor dem Tabernakel beten oder ein Anliegen in das Fürbittenbuch eintragen. Unsere

Kapelle steht täglich 24 Stunden offen. Es gibt kein Türschloss, wir fürchten nichts. Angst kommt aus dem Griechischen und bedeutet Enge. Wir möchten den Ängstlichen unsere Weite zeigen. Wenn du zu eng bist, verbaust du dir und anderen die Zukunft. Wer eng ist, kann nicht fliegen.

Die Flughafenmadonna

Katholisch sein heißt für mich, weit zu denken und breit zu glauben. An einer engstirnigen Kirche nehme ich nicht teil. Ich pflege keine übertriebene Marienfrömmigkeit, wurde zu keinem konfessionellen Eiferer erzogen. Wer sich ein Bild von meinem Seelsorgeraum machen will, stößt auf eine Vielzahl von Bildern. Etliche Besucher, besonders aus der Ferne, bringen immer wieder etwas Neues mit: Marienbilder, Heiligendarstellungen und Kreuze, Wimpel von Wallfahrten, Öllämpchen und jede Menge verzierte Kerzen. Mittendrin die Mütze eines Flugkapitäns. Ein Kardinal aus Mexiko hat eine schwere Madonna von Guadeloupe im Gepäck, ein Vietnamese bringt mir eine fromme Einlegearbeit mit, ein Wandteppich stammt aus Bolivien, daneben das Foto des syrisch-orthodoxen Patriarchen und eine Aufnahme mit dem Papst in Rom. Ich stelle alles auf und lasse es stehen. Nicht wenige kommen beim nächsten Flug vorbei und vergewissern sich, ob ihr kleiner Schatz noch auf der Konsole oder an der Wand zu finden ist.

Viele der Kapellen- und Gottesdienstbesucher kommen aus katholisch geprägten Ländern in Südeuropa, Südamerika oder auch von den Philippinen. Sie vermissen in unserer Kapelle eine Muttergottesstatue. Dem würde ich gerne abhelfen, aber es soll ein geschmackvolles Kunstwerk sein. Dafür fehlt uns jedoch das Geld. Es gilt also, Geduld zu haben. Erst 1985 geschieht das Unerwartete. Ein Herr in mittleren Jahren betritt mein Zimmer. Auf dem Arm trägt er eine große Statue. Er stellt sie auf den Schreibtisch und fragt, ob wir für die Kapelle eine Madonna brauchen könnten? Überrumpelt gebe ich zu: »Ja, wir benötigen eine, aber wir haben das Geld dafür noch nicht zusammen.«

»Ich habe Sie nur gefragt, ob Sie eine solche Statue brauchen können«, gibt er zurück.

»Ja, und viele Menschen würden sich darüber freuen.« Da dreht er sich um und geht. Die Madonna bleibt auf meinem Schreibtisch zurück. Im Hinausgehen sagt der Fremde bei einem letzten Blick über die Schulter: »Sie hören wieder von mir.«

Nach einigen Wochen kommt er wieder. Er benimmt sich genauso forsch wie beim ersten Besuch: »Haben Sie die Madonna noch?«

»Ja«, sage ich. Da steht sie.« Er sieht sie und will sogleich wieder gehen. Ich frage ihn, wer er denn sei. Er nennt seinen Namen und fügt hinzu, er sei Flugkapitän bei der Lufthansa. Und wieder: »Sie hören von mir.« Weg ist er.

Wiederum geht einige Zeit dahin. Dann kommt er zum dritten Mal, diesmal in seiner Kapitänsuniform. »Ich habe keine Zeit«, meint er, »ich muss zum Flug. Ich wollte Ihnen nur schnell sagen: Jetzt gehört diese Madonna Ihnen, stellen Sie sie in die Kapelle, die Deutsche Lufthansa schenkt sie Ihnen, sie soll unsere Schutzpatronin sein.«

Ich bin für einen Moment sprachlos vor Staunen. Und die Statue bekommt einen bevorzugten Platz in der Kapelle.

Als ich dem Flugkapitän später bei einem Empfang begegne, erzählt er mir die Geschichte der Statue. Sie stammt aus St. Ulrich im Grödnertal. Geschaffen hat sie ein Südtiroler Künstler, der als junger Mann einmal in Frankfurt war. Er entdeckte im Liebighaus-Museum eine Madonnenstatue des Würzburger Meisters Tilman Riemenschneider aus dem 16. Jahrhundert, die sogenannte Frankfurter Madonna. Sie ist die einzige Riemenschneider-Madonna nördlich des Mains. Die Statue bewegte den jungen Südtiroler so tief, dass er sie, den künstlerischen Stil nachempfindend, später selbst noch einmal gestaltete. Und nun sind beide Madonnen in Frankfurt am Main. Unsere ist aus altem Lindenholz geschnitzt. Der gotische Faltenwurf des Gewandes weist auf Riemenschneider hin.

Damit ist die Geschichte allerdings noch nicht zu Ende. Während der junge Künstler an der Statue schnitzt, bringt seine Frau Zwillinge zur Welt und stirbt bei der Geburt. In seiner Trauer verleiht der Künstler der späteren Flughafenmadonna das Angesicht der Mutter seiner beiden Söhne. Als ich den Künstler eines Tages in St. Ulrich besuche, begegne ich auch den beiden Buben. Er bestätigt mir, was der Flugkapitän erzählt hatte.

Die Madonnenstatur hat eine unwahrscheinliche Ausstrahlung. Als Erinnerung kann sich jeder Besucher ein kleines, gedrucktes Bildchen mitnehmen. Passend dazu wähle ich Zeilen des französischen Dichters Paul Claudel aus: »Mutter Christi, ich komme nicht, um zu beten. Ich habe nichts zu geben, und weiß nicht, um was ich bitten soll. Ich will dich nur sehen … ganz einfach, weil du Maria bist.«

Im Marienmonat Mai wird die Statue vor vielen frohen Gesichtern bei einem Gottesdienst gesegnet. Viele kommen, zünden Opferlichtchen an und sprechen ein stilles Gebet. Ich freue mich mit ihnen. »Diener eurer Freude, nicht Herr über euren Glauben will ich sein«, sage ich mir selbst bei solchen Gelegenheiten immer wieder selbst mit den Worten des Apostels Paulus.

Unser Gebetsraum, den ich vor 50 Jahren das erste Mal betreten habe, ist nicht kahl geblieben. Das bedeutet mir viel. Der geschmückte Raum erinnert mich an die Gotteshäuser meiner fränkischen Kindheit.

Manches wird vermutlich mit der Zeit auch wieder verschwinden, weil es sich überlebt hat. Weil andere Menschen andere Akzente setzen. Aber das, was ich und auch meine Mitarbeiterinnen und Mitarbeiter in diesem Raum gesagt und getan haben, ist vor Gott nicht verloren. Da bin ich zuversichtlich.

Keine Siegeszüge

Wir litten als Familie unter der persönlichen Demütigung in den Nazijahren und der Verachtung, die die völkische Ideologie für alles Christliche übrig hatte. Alles wurde dem Staat unterstellt. Auch der persönliche Glaube hatte sich anzupassen. Den Vorgaben des Systems konnten wir uns kaum entziehen, dagegen konnten wir weder vorgehen noch mit anderen darüber sprechen. Wir gingen weiter zum Gottesdienst und ertrugen die Häme und Hetze. Unser Glaube war Teil einer widerständigen Haltung. Aber einen Konflikt mit der Obrigkeit haben wir vermieden, weil wir sahen, wohin dies führte: bekennende Christen, die in »Schutzhaft« genommen wurden, die im KZ endeten. Pfarrer, die für ihre Predigten angeklagt und mundtot gemacht wurden.

Meinem Vater war klar, dass er in allem, was er sagte, sehr vorsichtig sein musste. Er wusste, wie das herrschende System mit seinen Gegnern umging. Aber das machte ihn nicht kleinlaut.

Wir waren nicht aufgestanden gegen den Terror, auch wenn wir strikt gegen die Nazis waren – sondern hatten uns in die innere Immigration zurückgezogen. Viel gesprochen wurde darüber nach dem Krieg in der Familie nicht, aber wir gingen offen mit dem Thema um, wenn es zur Sprache kam. Das war nicht überall so. Die Bewältigung der Ereignisse setzte in vielen Familien erst deutlich später ein und dauert für manche immer noch an. Nicht umsonst spricht man von der Generation der Kriegskinder – und von Kriegsenkeln –, die an den unausgesprochenen Ängsten und Konflikten leiden.

Wir konnten jedenfalls nach dem Krieg mit denen, die alles besser wussten, nicht viel anfangen. Manche von ihnen fanden sich in den neuen gesellschaftlichen Verhältnissen nach dem Krieg nur schwer zurecht und verteidigten ihre Auffassungen fast ideologisch. Sie hielten sich für standhaft, verwechselten dies jedoch oft mit einer festgefahrenen Weltanschauung.

Für mich steht fest: Mit Härte, mit Besserwisserei, mit Siegeszügen ist keine Seelsorge zu leisten. Das menschennahe, bodenständige Katholische, wie ich es auf Reisen weltweit vorgefunden habe, zieht mich an. Reicht das, um als Pfarrer zu wirken? Suchen die Leute nicht fertige Antworten und wollen mit Gewissheiten versorgt werden? Das mag im Einzelfall so sein. Wenn ich mir das jedoch verallgemeinernd einrede, stehe ich am Anfang vom Ende, weil ich die Menschen unterschätze. Ein guter Wegbegleiter zu sein, bedeutet für mich Demut statt Hochmut. Wohlfeile, stereotype Antworten von oben herab sind nicht meine Sache.

Das gilt auch für den Umgang zwischen den christlichen Konfessionen. Können wir den Menschen dienen, wenn wir uns auf getrennte Kirchen berufen?, überlege ich einmal spät am Abend, als ich die Seelsorgeräume abschließe und mich auf den Weg zu meiner Schlafstelle begebe. Stärkt oder schwächt uns der Versuch, auf dem Flughafen Seelsorge immer interreligiös und ökumenisch zu betreiben?

Es fällt mir nicht leicht, das abschließend zu beurteilen. Das mögen andere sagen. Für mich ist es eine lebenslange Suche nach dem richtigen Weg. Übergreifende Erfahrungen habe ich auf dem Flughafen von Anfang an gesammelt. In der Airbase bei den amerikanischen Chaplains und in unserem zivilen Bereich lerne ich die verschiedenen christlichen Denominationen kennen: Lutheraner, Presbyterianer, Reformierte, Methodisten, Baptisten, auch Mormonen, Zeugen Jehovas und einige andere. Und ich staune über die Vielfalt und den Erfahrungsschatz.

Das Spektrum ist weit, das Miteinander schließt enge Freundschaften nicht aus. Lebendige Begegnungen mit Menschen anderer Konfession ergeben sich immer wieder. Auch der evangelische Pastor und Landesbischof Martin Niemöller schaut bei seinen Reisen immer wieder bei uns herein. Mit ihm habe ich gute Gespräche. Im Ersten Weltkrieg war er U-Boot-Kommandant, studierte dann evangelische Theologie. Anfangs stand Martin Niemöller der nationalsozialistischen Ideologie nahe und ging dann in den Widerstand. Als Pfarrer der Bekennenden Kirche wurde er verhaftet und verbrachte fast acht Jahre seines Lebens als »persönlicher Gefangener« Adolf Hitlers in Gefängnissen und Konzentrationslagern. Ein faszinierender Mensch. Aufgeschlossen für verschiedene Denkrichtungen und Glaubensformen, auch die katholische Konfession mit all ihren Ecken und Kanten, überspielt er nicht. Dass er ein ehrlich Suchender ist, beeindruckt mich – es ist eine Ermutigung auf meinem eigenen Weg.

*

Unsere Seelsorgeeinrichtung kennt keine Trennlinie zwischen den Konfessionen. Das ist zu dieser Zeit meines Wissens nach nirgendwo sonst der Fall. In unseren Räumlichkeiten gibt es ein Zimmerchen für den evangelischen Kollegen und eines für mich. Davor liegt das gemeinsame Büro mit zwei Mitarbeiterinnen – eine katholisch, die andere evangelisch. Die beiden Frauen sitzen sich an einem Schreibtisch gegenüber und teilen sich ein Telefon. Das ist durchaus kein Zeichen von Verlegenheit oder materieller Not, sondern als ein Zeichen der Gemeinschaft gedacht. Niemand weiß im Voraus, wer sich am anderen Ende der Leitung mit welchem Anliegen meldet. Und wer auch immer gerade zum Hörer greift, hat ein offenes Ohr für die Anliegen der Anrufenden.

Aber wir sind mit unserem Modell der Zeit zu weit voraus. Das führt zu Spannungen und Missverständnissen, und zeitweise rückt die gemeinsame Aufgabe in den Hintergrund, was sehr bedauerlich ist. Da geht es dann darum, das große Ganze im Blick zu behalten. Um Schwierigkeiten auszuweichen, werden schließlich in der Nähe weitere Räume angemietet, in die dann die evangelische Seelsorge einzieht. Mit der Eröffnung von Terminal 2 steht wieder eine zweite christliche Flughafenkapelle zur Verfügung. Sie wird von der evangelischen Kirche gestaltet und betreut. Es gibt dort keinen Tabernakel und kein Marienbild. Beide Kapellen werden wechselseitig genutzt. Mit der Skyline-Bahn kommt man leicht von einem Terminal ins andere.

Nicht wenige Katholiken aus aller Welt bestehen sonntags auf der heilige Messe. Fast alle, die beichten wollen, sind Katholiken und erwarten die sakramentale Form. Ein Afrikaner ist eines Tages völlig fassungslos, weil er nachträglich feststellt, dass er beim evangelischen Kollegen gebeichtet hat. Das bringt ihn in innere Nöte. Darüber sollte man nicht hinweggehen. Wer einen anderen Erdteil bereist, hat schon mit genug Befremdlichem zu tun. Das sollten wir nicht mehren. Wo wir als christliche Konfessionen einheitlich auftreten, sind wir nicht ohne Weiteres zu unterscheiden. Einheit verlangt aber auch Eindeutigkeit, den Menschen zuliebe. Das wird mir allmählich klar. Für Erklärungen und Belehrungen ist ein Flughafen nicht der rechte Platz. Da sind die meisten Menschen in Eile oder haben schon Scherereien genug.

Manchmal geht es im Miteinander der verschiedenen Glaubensrichtungen wie im Cockpit eines Flugzeuges zu. Dort sind auch beide Piloten voll ausgebildet. Ein Verkehrsflugzeug lässt sich von beiden Plätzen aus steuern. Es wird indes unmissverständlich festgelegt, wer während des Flugs die Rolle als »fliegender« oder als »nicht fliegender Pilot« hat. Der eine fliegt tatsächlich, hält Kurs, Flughöhe und Geschwindigkeit. Der andere unterstützt ihn, bedient Armaturen und Sprechfunk nach dessen Anweisungen. Auf dem Rückflug tauschen sie ohne Weiteres die Rollen. Durch die klare Aufteilung sollen Fehler vermieden werden. Aha, schließe ich daraus: Wenn zwei stets »Fliegende« sein wollen, ohne sich wechselseitig loyal zu unterstützen, verderben sie den Brei. Da kann die Ökumene von der Luftfahrt lernen.

Erleichterung

Unsere Seelsorge umfasst bald einen ehrenamtlichen Mitarbeiterkreis von etwa 25 Personen. Diese sind meist auf dem Flughafen zu verschiedenen Diensten unterwegs. Wie ich noch weitere Menschen zur Mitarbeit gewinnen kann, lerne ich von den Ehrenamtlichen selbst. Anfangs probiere ich es mit Anzeigen in Kirchenzeitungen oder ähnlichen Blättern. Es melden sich Gutwillige mit falschen Vorstellungen. Das Problem löst sich schließlich von alleine. Flughafenmitarbeiter, auch Flugbegeisterte kommen, sehen, was wir tun, und bleiben dabei. Sie sind mit dem Flughafen und seinen Menschen vertraut. Auch auf meinen Rundgängen öffnen sich mit der Zeit immer mehr im Flughafen Beschäftigte und sagen mir, dass sie katholisch sind. Wir kommen ins Gespräch, und so entsteht die Idee, regelmäßig voneinander zu erfahren. Diese Flughafenmitarbeiter bekommen von da an monatlich einen »Brief vom Flughafenpfarrer« und treffen sich im Rahmen der Betriebsseelsorge zwölfmal im Jahr Nachmittags zu einer eigenen heiligen Messe in der Kapelle mit anschließendem Gespräch über aktuelle kirchliche Fragen. Freundschaften entstehen. Innerhalb des Betriebes wächst eine beachtliche Gruppe zusammen. Menschen, die voneinander wissen, aufeinander zugehen, Vertrauen fassen. Ich bin als einer von ihnen anerkannt. Dadurch entsteht ein Kreis von »Sympathisanten« der Flughafenseelsorge, die ich am Arbeitsplatz aufsuche und die von mir einmal im Jahr ein besonderes Anschreiben erhalten. Immerhin etwa 900 Beschäftigte.

Anfangs dachte ich: Die Aufgabe als Seelsorger eines so riesigen Betriebes ist kaum zu schaffen. Aber dann merkte ich, wie sich herumsprach, dass man mit dem Priester, der in seinem Habit übers Gelände radelt, gut ins Gespräch kommen kann. Offene Türen können Wunder bewirken. Ebenso wie die Geste einer gereichten Hand. Die gemeinsame Sorge um andere verbindet. Und der Kreis derjenigen, die in Verbindung bleiben und selbst helfen wollen, wächst weiter.

*

Eine Mitarbeiterin lerne ich auf meinen Streifzügen durch den Flughafen kennen. Der ist, nebenbei bemerkt, inzwischen eine richtige Großstadt. 500 Firmen, Institutionen und Kleinunternehmen sind dort tätig, bei einem der größten Arbeitgeber in Deutschland. Es gibt alles, was Menschen zum Leben brauchen: Supermärkte, Bekleidungsgeschäfte, Restaurationen verschiedenster Art, Apotheken, Zahnärzte und eine Flughafenklinik. Man findet in den Geschäften viele Luxusartikel, aber auch alles für den kleinen Geldbeutel. An einer Boutique bleibe ich stehen und betrachte die Auslage. Die Verkäuferin hinter der Theke mustert mich und grüßt. Ich trete ein und stelle mich vor. Wir wechseln einige Worte. »Oh«, sagt sie, »das trifft sich gut – ich bin gleich wieder da, muss schnell was erledigen und darf die Boutique nicht allein lassen. Passen Sie doch bitte kurz auf meinen Laden auf und sagen Sie den Kunden, dass ich sofort wieder da bin.« Damit habe ich nicht gerechnet. Darum hat mich hier noch niemand gebeten. Praktisch gedacht, geht es mir bewundernd durch den Kopf. Die Frau weiß, was sie will und wie sie es erreicht. Ein paar Minuten stehe ich zwischen Ware und Theke und hoffe, dass sie schnell wiederkommt. Gut, dass sich keine Kunden zeigen. Dann ist sie zurück und bedankt sich herzlich. Ich habe keine Eile und spreche noch ein wenig mit ihr. Sie ist italienische Staatsbürgerin, stammt aus Südtirol und hat eine Weile in Amerika gelebt. Sie spricht mehrere Sprachen fließend, darunter Englisch, Deutsch, Italienisch und kann sich auch in Spanisch, Portugiesisch und Französisch verständigen. »Besonders religiös bin ich nicht«, macht sie mir klar. Na ja, denke ich mir, wer weiß das schon so genau von sich selbst. »Mit der Kirche habe ich nicht viel am Hut«, setzt sie nach. Mir kommt es eher vor, als sei sie auf der Suche nach mehr. Ich lade sie zu uns ein.

Etwas später macht sie den Gegenbesuch im Büro der Flughafenseelsorge. Sie habe gehört, es gäbe die Möglichkeit, bei uns ehrenamtlich tätig zu sein. »Das ist so!«, signalisiere ich und ahne, dass wir mit ihr an Bord einen weiteren großen Schritt nach vorn tun könnten. »Was haben Sie sich denn vorgestellt?«

»Ich bin eher für das Praktische geeignet«, meint sie.

Das Praktische fängt bei uns mit dem Grüßen an, dafür hat sie einen Sinn, und gut verkaufen kann sie auch. Gastfreundschaft, die Offenheit für die Menschen, die zu uns kommen – darauf kommt es an. Wir verkaufen nichts, wollen stattdessen die Leute spüren lassen, weshalb wir hier sind. Vor allem, wenn sie auf irgendeine Weise in Nöten sind.

Das gefällt ihr. Wenige Wochen später ist die Dame aus der Seelsorge nicht mehr wegzudenken. Bald übernimmt sie die Leitung der übrigen Ehrenamtlichen und unserer zahlreichen Praktikanten, von denen übrigens später einige Priester oder auf andere Weise im kirchlichen Dienst tätig werden.

Nach einiger Zeit kann ich der jungen Frau eine bezahlte Teilzeitstelle anbieten, wenn auch nur für zehn Stunden die Woche. Und sie nimmt an! Damit sind wir personell deutlich besser als zuvor aufgestellt. Während ich meine Runden drehe, läuft in unserem Arrival-Service alles zum Besten.

Der Journalist einer Kirchenzeitung fragt die Frau eines Tages, was sie über mich dachte, als wir uns das erste Mal begegneten.

»Der Pater? Ich merkte gleich, dass er über vieles Bescheid wusste. Aber eines wusste er nicht. Ich durfte meinen Arbeitsplatz auf keinen Fall verlassen, auch nicht um auf die Toilette zu gehen. Mein Chef hatte dazu klare Anweisungen gegeben. Als der Pater zusagte, ein paar Minuten an meiner statt im Laden zu bleiben, konnte ich endlich los und mein Bedürfnis erledigen. Das war im wahrsten Sinn des Wortes eine Erleichterung …«, diktiert sie dem verblüfften Zeitungsmann schelmisch in den Block.

Möglichst viele Menschen guten Willens in die Seelsorge, in die Sorge um die Menschen einzubeziehen ist so ganz im Sinne des Stifters der Gemeinschaft, der ich angehöre, des römischen Priesters Vinzenz Pallotti, der in der ersten Hälfte des 19. Jahrhunderts wirkte. Er war seiner Zeit um hundert Jahre voraus und fand erst im Zweiten Vatikanischen Konzil volle Anerkennung. Er wollte die Stellung der Christen ohne besondere Weihe und ihren Beitrag zum kirchlichen Leben aufwerten. Jeder getaufte Christ ist Apostel und somit berufen, selbstverantwortlich am Heil aller mitzuwirken, erkannte Pallotti. Wo er sich auch aufhält, in der Arbeitswelt, in der Freizeit, in Vereinen oder sonst wo – jede und jeder ist in der Lage, sich um das Wohl und das Heil der anderen unmittelbar zu kümmern.

In Gottes Hand

Das Mittagessen für das Seelsorgeteam wird in der Kantine geholt. Wir sitzen, wenn möglich, alle zusammen und sprechen über unsere Arbeit, besondere Vorkommnisse und Vorhaben. Das Gespräch beim Essen festigt unsere Gemeinschaft. Und es ist eine gute Möglichkeit, das Angenehme mit dem Nützlichen zu verbinden. Separate Dienstbesprechungen erübrigen sich. Wenn ich so in die Runde blicke, fühle ich mich unversehens in einen anderen Kreis zurückversetzt.

Keine Generation ist es her, dass ich mit etwa Gleichaltrigen zusammensaß. Der Krieg war vorbei. Endlich können wir uns zwanglos treffen. Der Druck der Nazis ist von uns abgefallen. Wir sind frei. Nur, mit der neuen Freiheit müssen wir erst einmal fertigwerden. Solange wir Schutt wegräumen und Steine schichten, sind wir abends viel zu müde, um über das Leben und die für uns neue Welt nachzudenken. Die alte lag schneller in Trümmern, als jetzt Neues hochgezogen werden kann.

Gleich nach dem Krieg suche ich Freunde, mit denen ich mich verstehe und etwas aufbauen kann. Wir sind auf uns selbst gestellt und wissen nicht recht, wohin wir uns wenden sollen, wenn wir Fragen oder ein Gefühl der Unsicherheit haben. Sich ohne Bevormundung, angstfrei in der Öffentlichkeit zu bewegen, ist ein ganz neues Gefühl. Du musst dich einem Jugendverband anschließen, rät mir jemand. Ich gehe zu den Roten Falken. Die treffen sich einmal in der Woche abends in einem Turmzimmer der Mauer um die Würzburger Festung. Falken im Turm finde ich originell, aber schon nach wenigen Abenden merke ich: Das ist nicht, was ich suche. Daraufhin lande ich beim CVJM, einer evangelischen Jugendgemeinschaft, ökumenisch aufgeschlossen. Ich werde mit offenen Armen begrüßt und bleibe eine Zeit lang. Aber auch das sagt mir nicht dauerhaft zu.

Auf der Straße treffe ich einen ehemaligen Schulfreund. Wir wurden bei der Zerstörung der Stadt in alle Winde verstreut. Ich suche eine Gemeinschaft, in der ich mich gut aufgehoben fühlen kann, nicht zu politisch, nicht zu fromm, vertraue ich ihm an. »Komm doch zu uns«, meint er. »Wir sind die katholische Jugend im Stadtteil«, sagt er. In der darauffolgenden Woche nimmt er mich zu einem Treffen mit. Gleichaltrige sitzen im Kreis zusammen und versuchen die Traumata, die jeder in sich trägt, aufzuarbeiten. Offen, unverkrampft, ohne jede Anleitung, ganz einfach im Gespräch. Wir erzählen die eigene Geschichte. Immer wieder. Das hilft ungemein. Ich bleibe. Andere Freizeitangebote gibt es ohnehin kaum. Kein Kino. Keine Tanzveranstaltungen. Wir haben Zeit und verbringen sie zusammen. In den Gruppenstunden und auf Fahrt, Tausende Kilometer sind wir im Laufe der Zeit zu Fuß und auf den Rädern unterwegs. Dabei lernen wir, einander zu vertrauen. Dabei heilen die Wunden. Aber nicht alle. An manchen trage ich mein ganzes Leben.

Wir kommen nicht umhin, das Leben in die Hand zu nehmen, etwas daraus zu machen. Und wir denken gar nicht daran, über die schlechte Zeit zu jammern oder alles vom Staat zu erwarten. Wir wollen keinen Sozialismus, weder den, der im Osten propagiert wird, noch wieder einen national gefärbten, der am Ende nichts als Trümmer hinterlässt. Denn wir verstehen langsam, was das Soziale wirklich ist. Von Zwang und Kontrolle des Staates haben wir die Nase voll. Eine ungezwungene Gemeinschaft wollen wir sein, die sich im Pfarrheim trifft. Sonntags gehen wir in die Kirche. Das sehen wir nicht als Pflichtveranstaltung. Wir wollen als

Freundeskreis vorankommen. Registriert, organisiert wollen wir nicht werden, nicht einmal als kirchliche Jugend. Wir kommen aus einer Zeit, in der alles erfasst war.

Es gibt auch keine Gruppenleitung, bis sich ein drei Jahre älterer Germanistikstudent, der gerade sein Staatsexamen ablegt, zu uns gesellt. Er macht ganz einfach mit und bringt gute Ideen ein. Wir erkennen ihn deshalb als Leiter an. Gemeinsam üben wir Theaterstücke ein und bringen diese auf die Bühne, auch auswärts, das gehört zu unserer Offenen Jugendarbeit dazu. Und wir gehen tanzen. Das Leben in der Stadt, die wie tot war, erholt sich. Auf der Steinburg in den Weinbergen hoch über der Stadt bietet sich für uns die erste Möglichkeit auszugehen. Viele besuchen einen Tanzkurs. Ein ältlicher Lehrer, der schon etwas Mühe hat, sich zu bewegen, bringt uns die in seinen Augen modernen Tanzschritte bei. Er hat sein Handwerk ein halbes Jahrhundert früher gelernt. Wir trinken am Abend jeder nur eine Limonade, zu mehr reicht unser Geld nicht. Getanzt werden Walzer, Tango, Menuette, Quadrille, dann English Walz und Foxtrott. Pop und Rock gibt es noch nicht. Der Swing gefällt uns, nicht umsonst war er im »Dritten Reich« als dekadent verboten. Begeistert sind wir von Glenn Miller, Benny Goodman und ihren Bands. Diese Musik nimmt uns mit. In unserer Gruppe sind Jungen und Mädchen zusammen. Manche heirateten später. So lerne ich früh meinen Schwager kennen.

Wir interessieren uns für viele Themen, verfolgen aufmerksam und diskutieren, was die von den Amerikanern lizensierten Zeitungen drucken. Demokratische Umgangsformen werden eingeübt. Es bilden sich wieder Parteien. Die erste Bundestagswahl findet im August 1949 statt. Es ist die erste komplett freie Wahl auf deutschem Boden seit der Reichstagswahl vom 6. November 1932.

Ein Jahr vorher tritt in Würzburg ein Mann an die Öffentlichkeit, der uns imponiert: der katholische Bischof Julius Döpfner. Er ist gerade fünfzehn Jahre älter als ich. Seine Habe ist, wie unsere, beim Bombenangriff verbrannt, er hilft beim Aufräumen und der Versorgung der Überlebenden und verhandelt mit den Amerikanern. 1948 ernennt ihn Papst Pius XII. zum Bischof von Würzburg. Mit seinen 35 Jahren ist er der jüngste katholische Bischof Europas. In der fast vollständig zerstörten Stadt gründet er Wohnbau-Gesellschaften. Sein Motto: »Wohnungsbau ist heute in Wahrheit Dombau, Wohnungssorge ist Seelsorge.« Die Menschen sollen wieder ein Zuhause bekommen. Das Bombardement hat tiefe Löcher gerissen. Auch die barocke Schönheit des Doms ist dahin, unwiederbringlich den Bomben zum Opfer gefallen. Mitten in den Wiederaufbauarbeiten knickt die Westmauer einfach weg. Die Erschütterungen durch die vielen Luftminen waren zu stark. Zum Glück kommt beim Einsturz niemand zu Schaden.

Bischof Döpfner fährt in die Berge, zum Wandern und Bergsteigen, und zieht sich dazu an wie jedermann. Das gefällt uns. Als wir ihn aufsuchen, spricht er mit uns wie ein guter Bekannter. Gleichmacherei und Unterordnung liegen ihm nicht, er ist sich sicher, dass es in Zukunft auf den Einzelnen ankommt, auf gefestigte, selbstbewusste Persönlichkeiten mit einer soliden Bildung. Das Gespräch bleibt uns in guter Erinnerung. Bei einer Wallfahrt zum Würzburger »Käppele« sehen wir ihn wieder.

Das Glaubensleben gewinnt an Bedeutung. Es führt uns zusammen, fördert Gemeinschaft, Verständnis, Vertrauen. Wir werden Teil von etwas Größerem.

Kirche zwischen Koffern

Beim Theologiestudium, viel später, komme ich im Hörsaal oder zwischen den Büchern am Schreibtisch immer mal zur Erkenntnis: Aha, darum geht es eigentlich, das ist damit gemeint. Mit vielen aus meiner Würzburger Zeit halte ich Kontakt. Jede und jeder lernt auf seine Weise dazu, wächst im Glauben und wird damit älter. Und die meisten bleiben Gott treu. Das Studium entfernt mich nicht von ihnen, erhebt mich nicht über sie, die Priesterweihe auch nicht.

Abheben will ich keinesfalls. Und es geht nie um eine Lufthoheit. Ein Pilot muss umsichtig steuern, mehr nicht. Dazu gehört es, Turbulenzen zu umfliegen, Luftlöcher zu meiden oder abzufangen, Gegenwinde zu meistern.

Auf meinen täglichen Rundgängen treffe ich im Terminal immer wieder auf Geistliche, Priester und Ordenschristen. Viele verstehen, was uns beseelt. Sie erleben aus eigener Anschauung, welche Chance sich hier für die Kirche bietet. Da ist eine säkularisierte Welt, und mitten darin liegt eine Insel mit einer Kapelle, einem Pfarrer, Mitarbeitern. Wie gut ist das auch für Kirchenleute. Denn Bischöfe, Kardinäle, Ordensleute sind am Flughafen bisweilen ebenso hilflos wie andere Menschen. Plötzlich sind sie auf sich gestellt. Sie wissen nicht, ob sie eine Ebene nach oben oder nach unten müssen. Sie wissen nicht einmal, wo oben und unten ist.

*

Um zwei Uhr nachts habe ich den Verkehrsleiter vom Dienst in der Leitung: »Herr Pater, Sie müssen kommen.«

»Was gibt's denn, frage ich?«

»Folgendes: Da sitzen fünf Ordensschwestern, ältere Damen, keine unter 75, die aus New York kommen und nach Nürnberg wollen. In Nürnberg herrscht Nebel. Der Flug wurde deshalb nach Frankfurt umgeleitet. Die fünf Damen glauben keinem, dass sie in Frankfurt gelandet sind. Die Oberin hat ihnen in New York eingeschärft: Setzt euch nach der Landung an den Meeting-Point und wartet. Bewegt euch nicht von der Stelle, ihr werdet abgeholt. Daran halten sie sich. Aber sie müssen weiterfliegen, sobald der Nebel sich lichtet. Erklären Sie Ihnen doch bitte die Lage, am besten in vollem Ornat.«

Der Mann ist halb amüsiert, halb genervt. Ich stehe auf und fahre die fünfzehn Kilometer von meiner Schlafstelle zum Flughafen. Die Schwestern sitzen da, umgeben von Kaffeetassen, Kuchen und sonst noch so einigen Annehmlichkeiten. Andere Fluggäste wollten ihnen etwas Gutes tun. Ich stelle mich als katholischer Flughafenpfarrer vor. Zögernd händigen sie mir die Telefonnummer der Oberin in Nürnberg aus. Dort werden sie schon vermisst. Ich reiche einer von ihnen den Hörer weiter. Die Oberin kann sie überzeugen, dass sie nicht in Nürnberg sind. Gott sei Dank.

*

Der Präsident von Caritas International, ein geachteter, viel gereister Mann, trinkt bei uns in der Flughafenseelsorge jedes Mal, wenn er in Frankfurt landet, Kaffee und nimmt dazu gern ein Stück Blechkuchen. Dann fährt er nach Freiburg. Tags darauf ruft er an: »Hören Sie mal, als ich zu Hause meinen Koffer öffnete, quoll der von Damenwäsche über.« Der Prälat ist leicht aus der Fassung. Wir stellen Nachforschungen an, Flughafenmitarbeiter setzen alle Hebel in Bewegung, gehen die Passagierliste durch, vergleichen Gepäck-Codes. Es dauert nicht lange, da ist eine Dame in Hannover ausfindig gemacht. Die Übergabe findet in unseren Räumen statt. Der Caritas-Präsident kommt persönlich und holt seinen Koffer bei uns ab. Da stehen die beiden Exemplare kurz nebeneinander und sind auf den ersten Blick nicht zu unterscheiden.

Auf den zwanzig Quadratmetern meines Büros begegnen sich die Menschen aus den verschiedensten Kulturkreisen und die weltweite Kirche. Auf meinem kleinen türkisen Sofa nehmen sie Platz: der Erzbischof von Brüssel, der holländische Kurienkardinal, der weltbekannte Theologe, der prominente Journalist, der Kardinal von Manila, ein deutscher Bischof aus Brasilien oder der Patriarch von Damaskus. Die weltweite Kirche in ihrer Katholizität ist für mich hautnahe Wirklichkeit.

Drei Flieger für den Sudan

Auch Mutter Teresa kommt häufig auf der Durchreise zu uns. Die nächstgelegene kleine Gemeinschaft ihrer Schwestern, der Missionarinnen der Nächstenliebe, befindet sich in Mannheim. Sie wartet darauf, dass die Schwestern sie abholen, zunächst in der Kapelle, dann bei uns auf dem Sofa, immer in dieser Reihenfolge. Sobald sie auftaucht, verständigen wir die Schwestern, eine Deutsche und ein paar Inderinnen, die sich sehr über den Besuch der Gründerin freuen. Die Freude ist beiderseitig, das kann man auf dem von vielen Runzeln gezeichneten Gesicht der betagten Frau ablesen. Unablässig mustert sie jede Einzelne mit ihren klaren Augen. Rastlos erscheint sie und ist doch voller Ruhe. Auch auf dem Weg zu einem der Katholikentage und zur Verleihung des Friedensnobelpreises in Stockholm kommt sie bei uns vorbei.

Mutter Teresa hat eine unerhört schnelle Auffassungsgabe und kennt sich, wie ich in den Gesprächen mit ihr erfahre, nahezu in der ganzen Welt aus. Sie weiß auch, auf wen sie in der Kirche zählen kann. Frère Roger von Taizé fühlt sie sich geschwisterlich verbunden. Mutter Teresa trägt ein zerfleddertes Büchlein bei sich, das sich als Adressenliste entpuppt. Alle für sie erreichbaren Großen dieser Welt sind darin eingetragen, auch Helmut Kohl. Sie muss bei den Fluggesellschaften nur kurz anrufen, auch da hat sie die jeweilige Nummer, und kann dann kurzfristig kostenfrei mitfliegen. Das wird keinem anderen unserer Gäste zugestanden, bei ihr ist es eine Selbstverständlichkeit, die niemand hinterfragt. Aber Mutter Teresa fliegt, wie alle anderen, ohne Sonderbehandlung. Ihre Bescheidenheit ist überzeugend. In der Kapelle gleitet der Rosenkranz durch ihre Finger, mehr braucht sie nicht. Danach begnügt sie sich mit einem Becher Tee und ein wenig Gebäck. Doch plötzlich sagt sie: »Pater Walter, ich will den amerikanischen Präsidenten anrufen.« »Wie?«, frage ich ungläubig. Ich wüsste nicht, wie ich an dessen Nummer käme, greife aber zum Hörer, um die amerikanische Botschaft in Frankfurt zu kontaktieren.

»Nicht nötig«, sagt sie gelassen und zückt ihr Büchlein. »Hier, sehen Sie, diese Nummer müssen Sie nehmen.« Sie sagt mir die Ziffern an, und ich wähle sie hintereinander. Mit einem surrenden und dann klackenden Geräusch läuft nach jeder einzelnen Ziffer die Wählscheibe des Telefons zurück. Die Nummer, die ich wähle, wird immer länger. Das kann nichts werden, das wird sicher nichts, denke ich bei mir, aber ich lasse sie gewähren. Für so eine Frau macht man alles. Schließlich hat die Zahlenfolge ein Ende, die Nummer ist fertig gewählt, aber die Leitung wirkt tot. Kein Knistern, kein Knacken, kein Verbindungssignal. »Es funktioniert leider nicht – die Nummer führt nirgendwohin«, stelle ich fest.

»Sie müssen einfach Geduld haben und warten«, gibt Mutter Teresa zu bedenken. Ein, zwei Minuten vergehen. Auf einmal meldet sich tatsächlich jemand am anderen Ende der Leitung.

»Wer sind Sie denn?«, werde ich von einer Männerstimme gefragt.

»Flughafen Frankfurt, Seelsorge, Pater Walter Maader«, sage ich ziemlich verdutzt.

»Und wie sind Sie an unsere Nummer gekommen?«, will das Gegenüber in breitem Amerikanisch wissen.

»Mutter Teresa sitzt hier bei mir im Büro und hat mir aufgetragen, diese Nummer zu wählen«, erläutere ich wahrheitsgemäß, »… sie will mit dem Präsidenten sprechen.«

»Ja, hören Sie, das ist nicht so ohne Weiteres möglich«, wendet der Beamte ein.

»Mutter Teresa meint, wenn sie den Präsidenten anruft, wird sie durchgestellt.«

»Also, dann geben Sie mir einmal Ihre Telefonnummer. Sie hören wieder von mir«, beendet der Amerikaner das Gespräch.

Fünf bis zehn Minuten vergehen. Das Telefon läutet. Am Apparat ist eine Frauenstimme. Wieder werde ich nach meinem Namen gefragt und sage mein Sprüchlein auf.

»Dann hat also Mutter Teresa Ihnen diese Nummer gegeben?«, fragt die Dame nach.

»Ja«, sage ich, »sie sitzt hier und will den Präsidenten sprechen.«

»Hat sie noch Zeit, bleibt sie noch ein wenig bei Ihnen?«

»Ja, sie ist noch eine Weile hier.«

»Gut, Sie hören wieder von uns.« Sie legt auf. Wieder nichts erreicht, wie sollte es auch anders sein. Das ist schon verwegen, das Ganze.

Aber es dauert nicht allzu lange, da kommt ein dritter Anruf. Ein weiteres Mal werde ich nach meiner Identität befragt. Und: »Ist Mutter Teresa noch bei Ihnen?«

»Ja, sie ist hier und steht neben mir am Telefonapparat.«

»Dann reichen Sie ihr bitte den Hörer«, verlangt mein Gegenüber.

Mutter Teresa greift ihn sich ungerührt. Sie redet einfach los, und ihren Worten entnehme ich, dass nun Ronald Reagan in der Leitung ist.

»Ich komme gerade aus dem Süden des Sudan«, erklärt sie ohne lange Einleitung. »Dort habe ich gesehen, wie Kinder dort verhungern. Es muss etwas geschehen, unbedingt. Und Sie, Herr Präsident, müssen helfen. Sie müssen mindestens drei Flugzeuge mit Hilfsgütern hinschicken.«

Die Stimme am anderen Ende der Leitung klingt ruhig und bedacht, der amerikanische Präsident scheint auf die

Wünsche von Mutter Teresa tatsächlich einzugehen. Als sie den Hörer aufgelegt hat, teilt sie mir ohne jeden Stolz, fast förmlich mit: »Kein Problem, hat er gesagt, das machen wir sofort.« Als wäre nichts gewesen, nimmt sie wieder auf dem Sofa Platz und betet seelenruhig den Rosenkranz weiter. Sie steht über den Dingen, hat eine Sicherheit von innen heraus, einen festen Glauben. Anders würde sie es nicht aushalten können in ihren Sterbehäusern in Kalkutta und anderswo. Nicht umsonst beginnt jeder ihrer Besuche gleich: Ohne nach links oder rechts zu blicken, ohne sich von irgendetwas aufhalten zu lassen, betritt sie die Kapelle zum Beten. Das ist es, darum geht es ihr.

Nach der Verleihung des Friedensnobelpreises reist Mutter Teresa nach Rom zu ihren Schwestern weiter. Dort geht sie zur heiligen Messe in die Kapelle. Die Weltpresse ist vertreten, alle warten auf sie, man streitet sich um die vordersten Plätze, um in ihre Nähe zu kommen. Der Gottesdienst nimmt seinen Lauf, Mutter Teresa ist nicht zu sehen. Die ersten Journalisten verlassen irgendwann enttäuscht die Kapelle. Sie meinen, sie sei nicht gekommen. Dabei war sie die ganze Zeit über beim Gottesdienst anwesend, nur ganz hinten in der Kapelle. Sie hatte mit einer anderen Schwester die beiden Türflügel geöffnet, damit die Gottesdienstbesucher und auch die Journalisten eintreten konnten. Dort hatte sie niemand vermutet. Die wenigen Journalisten, die bis zum Ende des Gottesdienstes ausgehalten haben, bekommen nun gutes Material für ihre Redaktionen. Nicht irgendjemand, sie selbst hat die Tür aufgehalten. Das zeigt etwas von ihrer Art. Anderen Türen aufhalten, womöglich die Türen zu Gott, das ist Seelsorge, wie ich sie mir vorstelle –, mit Fantasie und ein wenig Schalk im Nacken, ohne sich selbst allzu ernst zu nehmen. Und Mutter Teresa hat ihre ganz eigene Art, einem das Fliegen beizubringen.

Frère Roger, der Prior von Taizé, ist aus ähnlichem Holz geschnitzt. Er kommt jedes Mal zu uns, wenn er in Frankfurt startet oder landet. Und stets ist er von jungen Leuten begleitet. Solange die Kapelle noch im Transitbereich ist, vertraut er darauf, dass ich sie alle irgendwie in den Gottesdienstraum schleusen kann. Der Raum ist im Nu brechend voll. Nicht etwa, dass er nun eine Andacht mit langer Predigt hält. Vielmehr bittet er mich, mit ihnen allen die Eucharistie zu feiern. Das beeindruckt mich tief. Er versteht es, anderen Raum zu geben. Das schätzen wohl auch die jungen Leute an ihm, auch jene, denen sonst nicht viel am Gottesdienst liegt.

Frère Roger will als evangelischer Christ die Kommunion empfangen. Communio, Gemeinschaft, darum geht es ihm, dafür ist er bereit, von sich selber abzusehen. Er glaubt an das Geheimnis der Eucharistie. Ich reiche ihm den Leib Christi. Eine Kirche, in der von »wir« und »den anderen« die Rede ist, erträgt er nicht, das fühle ich.

»Auf Reisen habe ich immer ein Buch bei mir«, sagt er bei einem anderen Besuch, auf der Rückreise von Hongkong. Es wird die Bibel sein, vermute ich, immerhin ist Frère Roger Protestant. Er holt ein in rotes Leder eingebundenes Buch aus seiner Tasche. »Das ist das Brevier, das Papst Johannes XXIII. mir bei einer Audienz in Rom geschenkt hat. Es ist mit einer handschriftlichen, persönlichen Widmung versehen.« Frère Roger streicht mit seiner Hand zart über den leicht genoppten Umschlag des Gebetbuches. Für Frère Roger zählt aber nicht nur das Buch an sich, sondern es geht ihm um den Menschen, der es ihm gegeben hat. Wer auch immer ihm gerade gegenübersteht, er bekommt seine volle Aufmerksamkeit – ob jung oder alt, bedeutend oder unbedeutend. Er ist überzeugt, dass ein einzelner Mensch in sich versöhnen kann, was kirchliche Institutionen untereinander nicht fertigbringen. Er will dort Türen auftun, wo sich eine Konfession abriegelt. Er deutet an, dass ihm diese Überzeugung auch Anfeindungen entgegenbringt. Ich freue mich darauf, ihn wiederzusehen.

*

Es gibt Besuche, die man aus anderen Gründen nicht vergisst. Einer steht nicht in unserem Gästebuch, hat sich aber anderweitig verewigt. Der Sekretär der polnischen Bischofskonferenz ist Pallottinerpater wie ich, ein Schlitzohr ersten Ranges. Ständig auf Achse, häufig in Deutschland, steht er mal wieder im Büro. »Du musst mir helfen«, sagt er, ohne lang herumzureden.

»Was brauchst du denn?«, frage ich.

»Unsere Bischöfe werden dauernd von der Polizei belangt, weil sie zu schnell fahren. Die liegt regelrecht auf der Lauer«, beklagt er sich. »Sie will der Kirche eins auswischen, wo es nur geht.« Na, denke ich, dann sollen sie eben langsamer fahren, ihren Schutzengeln zuliebe. »Ich habe gehört, es gibt seit Neuestem ein kleines Warngerät«, setzt der Freund das Gespräch fort, »wenn man das ins Auto einbaut, werden einem die Polizeikontrollen angezeigt.«

»Solche Geräte sind in Deutschland streng verboten«, gebe ich zurück.

Das rührt den Mitbruder nicht im Geringsten. »In Deutschland schon, aber nicht im Transitbereich des Flughafens«, schmunzelt er. Da stehen sie im Schaufenster. Ich bräuchte welche. Kannst du sie für mich kaufen?«

Was bleibt mir anderes übrig?

So kommen die polnischen Bischöfe zu einer neuen Art von Reisefreiheit, die allerdings nicht ganz im Sinn von reiner Seelsorge ist.

Flipflops und Plastiktüte

Anfang der Siebzigerjahre weist Idi Amin, diktatorisch herrschender Staatspräsident in Uganda, die Inder, die dort seit Generationen ansässig sind, aus. Etwa 60 Personen landen bei uns in Frankfurt. Darauf ist niemand vorbereitet. Man lässt die verängstigten Menschen einreisen und geleitet sie, ohne dass sich darüber jemand groß Gedanken macht, aus dem Transitbereich hinaus. Nur, wohin mit ihnen? Sie werden uns zur Betreuung übergeben. Die Lufthansa spendet Decken und Luftmatratzen, Essen und Getränke. Die Inder leben eine Zeit lang in einer verwaisten Lounge. Wir kümmern uns um sie und versuchen, Gespräche zu führen. Alle fragen sich: »Wie geht es weiter? Was soll aus uns werden?«

Ab und an fahre ich mit einigen von ihnen nach Frankfurt zum Essen in ein indisches Restaurant, um ihnen eine Freude zu machen. Aber die Situation bleibt angespannt. Schließlich entscheiden die Behörden: Wer von Frankfurt aus zu seinen Angehörigen weiterfliegen will, kann das tun. Die Übrigen werden bei uns aufgenommen. Zum Glück finden nach und nach alle eine Arbeitsstelle und eine Wohnung in Deutschland. Das weiß ich, weil einige noch lange Verbindung mit mir halten.

Von da an beschäftigen uns Flüchtlinge und Asylbewerber jeden Tag mehr. Die Grenzen werden undurchlässiger, die Anzahl der Ankommenden steigt dennoch, bis zu 300 kommen täglich am Frankfurter Flughafen an. Nun müssen die Menschen im Transitbereich bleiben, bis entschieden ist, wie es weitergeht. Das führt zu Beschwerden vonseiten der Passagiere. Manche von ihnen kommen frühmorgens mit dem ersten Flieger an, sind müde vom langen Nachtflug, wollen sich im Transitbereich ausruhen und finden dann alle Sitzgelegenheiten von schlafenden Asylanten belegt. Die Geflüchteten haben sich dort irgendwie eingerichtet, schlafen zwischen ihren wenigen Habseligkeiten und bleiben meist mehrere Tage, bis klar ist, wie es für sie weitergehen kann. So viele Menschen auf einmal können auch wir nicht betreuen. Im Südteil des Airports wird ein Auffanglager gebaut, samt Anhörungsräumen des Bundesgrenzschutzes und einer kleinen Sportstätte, damit die Menschen sich bewegen können, während sie auf ihre Anhörung warten. Im Auffanglager feiere ich mit den Asylsuchenden mehrsprachige Gottesdienste und führe Gespräche. Hauptthema ist die drohende Rückführung in die Heimat. Wer sich bei Ablehnung des Antrags nicht wehrt, wird manchmal direkt zum Flugzeug gebracht, versehen mit einem Geldbetrag als Starthilfe. In anderen Fällen kommen die Menschen erst einmal in Abschiebehaft.

Amtsärzte und Polizei wollen, dass bei ihren Besuchen in den Hafträumen eine neutrale Person anwesend ist. Darum bitten sie mich.

Ich versetze mich in die Situation der Flüchtlinge. Sie kommen oft aus Kriegsgebieten und sind traumatisiert, wie einst wir Deutschen nach dem Zweiten Weltkrieg. Wir bekamen damals jahrelang Hilfe von außen, man denke nur an die sogenannten Rosinenbomber, die den westlichen Teil Berlins aus der Luft versorgt haben. Das Titelfoto für dieses Buch ist am Luftbrückendenkmal am Frankfurter Flughafen entstanden. Es erinnert an diese großartige Aktion der Amerikaner.

Heute suchen Flüchtlinge aus vielen Ländern bei uns Zuflucht. Einfach weil wir ein reiches und freies Land sind.

Viele Flüchtlinge auf dem Airport stehen in Flipflops und mit wenig Gepäck vor mir. Oft sind die Menschen auf abenteuerlichen Wegen nach Deutschland gekommen. Alle haben ihre Heimat aufgegeben. Einige haben viel riskiert. Und all die Mühe soll nun umsonst gewesen sein?, fragen sie verzweifelt. Sie klammern sich hoffnungsvoll oder verzweifelt an jeden Strohhalm, wollen die Berechtigung, bleiben zu dürfen, erzwingen: »Ich will doch arbeiten, mit anpacken, ich habe etwas gelernt und will weiterlernen, ich bin doch so dankbar für alles hier«, sagen viele. Manche drohen auch, was sie tun werden, wenn man sie letztlich doch abweist. Was soll ich den Menschen anderes sagen, als dass es Gesetze gibt, ohne die in einem Staat der Willkür Tür und Tor geöffnet wären. Man darf das Recht nicht außer Kraft setzen. Ich habe selbst erfahren, was es bedeutet, in einem Staat rechtlos zu sein. Ohne Großzügigkeit, Barmherzigkeit verroht eine Gesellschaft allerdings ebenso, deshalb muss auch mal Gnade vor Recht ergehen, wie es so schön heißt. Ich spüre einen Riss zwischen den Empfindungen des Herzens und dem Verstand, der sagt: Das Gesetz hat entschieden, und es muss entsprechend gehandelt werden. Das Herz will helfen, es leidet mit.

Es gibt zwei Entscheidungsmöglichkeiten: Entweder kann ich mich einfühlen, wie es ist, wenn man seine Heimat aufgeben muss, und helfe anderen, auch ganz Fremden. Oder ich verstricke mich in eine Angst um die Heimat, die ich von zuziehenden Flüchtlingen bedroht sehe. Für mich ist klar, wir helfen jedem, der Hilfe braucht, der danach fragt.

Ein Asylbewerber begeht Suizid. Das nimmt mich sehr mit. Und sofort wird öffentlich nachgefragt, ob da genug Fürsorge war. Die Frage wird uns, vermute ich, nie mehr verlassen. Es sei denn, es gelingt uns, Völker in Afrika oder auf anderen Erdteilen angemessen zu behandeln. Die reicheren Staaten haben eine Fürsorgepflicht – so sehe ich es. Oft sind es Kriege, die eine Flüchtlingswelle auslösen. Kriege, für die alle eine Mitverantwortung tragen, die Waffen liefern oder den Kampf um Rohstoffe anheizen, der oftmals ein Auslöser ist. Der Kampf um Wasser, um Öl und andere Bodenschätze.

*

Auch deutschstämmige Rücksiedler kommen ins Land, die meisten von ihnen aus Russland. Der Großvater oder Urgroßvater ist einst ausgewandert – nun wollen sie zurück in ihre ursprüngliche Heimat. Einige von ihnen sprechen ein veraltetes Deutsch, andere müssen die Sprache komplett neu lernen. Auch für Rücksiedler gelten Regeln, eine bestimmte Anzahl pro Jahr ist willkommen. Manchmal bringen sie einige Personen mehr mit als erlaubt. Die werden fürs Erste zurückgeschickt, und auch das ist bitter.

Über all das kann ich mit den Beamten vom Bundesgrenzschutz oder den Bundespolizisten sprechen. Ich weiß aus vielen persönlichen Gesprächen, wie sehr sie die Arbeit belastet und ihnen bis nach Hause nachgeht, wenn sich ein Asylbewerber plötzlich nackt auszieht, um gegen eine drohende Abschiebung zu protestieren, oder eine Mutter angesichts des Urteils völlig aufgelöst weint und schreit.

*

Kinder können zu Heimatlosen in ihrer eigenen Familie werden. Die Mutter lebt mit dem Kind in Deutschland. Der Vater ist Amerikaner. Die Eltern sind geschieden. Laut Gerichtsbeschluss hat der Vater das Recht, das Kind für einige Wochen im Jahr bei sich in den Staaten zu haben. Er landet in Frankfurt. Die Mutter steht mit dem Kind im Terminal, daneben ihr Anwalt. Sie möchten verhindern, dass der Vater das Kind mitnimmt. Der aber besteht auf seinem Recht. Der

Streit eskaliert. Ich werde hinzugerufen. Inzwischen hat sich um die Streitenden eine Menschengruppe gesammelt, die sich einmischt. Die einen ziehen am linken Arm des Kindes, die andern am rechten. Das Kind weint. Der Anwalt der Frau argumentiert für seine Klientin. Ich kann sie nicht bewegen, mit mir in den Schutzraum der Seelsorge zu kommen. Polizeibeamte nehmen die Eltern, das Kind und den Anwalt mit aufs Revier. Eine Szene, die mir noch lange nachgeht.

*

Die Suche nach der Heimat und den eigenen Wurzeln begegnet mir häufig. Ein schlaksiger junger Mann, lässig, aber gut gekleidet, kommt zu uns. Es scheint ihm an nichts zu fehlen. Fehlanzeige: Er lebt bei seiner Mutter in den USA und sucht seinen Vater, den er nicht kennt. Er weiß nur, dass er wiederverheiratet in Deutschland als Redakteur bei der amerikanischen Zeitung *Stars and Stripes* arbeitet. Er hat die Adresse der Redaktion. Aber der Vater ist nicht im Büro, ein Kollege nennt uns die private Telefonnummer. Ich rufe an, das ist dem jungen Mann lieber, der die Spannung kaum mehr erträgt. Der Mann, der sein Vater ist, meldet sich. Ich versuche, ihm die Lage zu erklären: »Hier ist ein junger Mann, Ihr Sohn, er möchte allzu gern seinen Vater kennenlernen, deshalb ist er aus den USA hierhergeflogen und kam zu uns.« Der Vater scheint erschüttert zu sein. »Wie wäre es, wenn Sie hierherkommen würden?«, frage ich ihn. Er sagt ohne zu zögern zu. Da höre ich eine Frauenstimme im Hintergrund: »Das kommt überhaupt nicht infrage!« Und der Mann macht direkt einen Rückzieher.

Die neue Frau des Vaters sagt unmissverständlich: Den triffst du nicht, der kommt mir nicht ins Haus. Sein Vater hatte sich spontan gefreut. Aber er war nicht in der Lage, die Frau umzustimmen. Der Junge hat seinen Vater gefunden und will ihn unbedingt sehen. Der Konflikt lässt sich kaum lösen. Der junge Mann sitzt den ganzen Tag bei uns im Büro und ist wie gelähmt. Mehrere Tage geht das so. Der Abgewiesene übernachtet im Warteraum, will die Situation nicht wahrhaben, isst und trinkt wenig, starrt grübelnd vor sich hin. Ich fürchte schon, dass wir ihn in psychiatrische Behandlung geben müssen. Erst nach drei, auch für uns, schier endlosen Tagen ist der Zwanzigjährige in der Verfassung, wieder in ein Flugzeug zu steigen und in die USA zurückzufliegen. Würde seine Maschine abstürzen, es wäre für ihn kein Unglück, vertraut er mir an. Ich begleite ihn bis zu den Stewardessen in der Gangway. Betrübt wie selten kehre ich über die Kapelle in die Seelsorgeräume zurück.

Heimweh

Ich bin sehr heimatverbunden und habe selbst erlebt, was mich jetzt durch die Kriegsflüchtlinge auf dem Flughafen wieder einholt. Bei einer Kinderlandverschickung während des Krieges leide ich so stark an Heimweh, dass ich krank werde und bis heute mit Schrecken an jene vier Wochen zurückdenke.

Gleich nach dem Krieg kommen deutsche Vertriebene, Landsleute aus dem Osten, die sich in Trecks nach Restdeutschland durchschlagen. Die Familien werden im Westen oft auseinandergerissen, und viele müssen sich für ein paar Groschen irgendwo als Hilfsarbeiter verdingen. Ich grüße die Vertriebenen, wo ich ihnen begegne, wenigstens das. Wir haben bei einem Bombenangriff auf Würzburg selbst alles verloren. Nichts, nicht einmal unser kostbares Fotoalbum mit den Erinnerungsbildern wurde gerettet. Im Feuersturm ist beinahe unsere gesamte Habe innerhalb weniger Minuten verbrannt. Kriege zerstören alles. Das gilt bis heute und überall.

Nach dem Bombenangriff werden wir im Umland einem Bauern zugewiesen, der uns nicht haben will. »Setzt euch erst mal an den Tisch und esst etwas«, bekommen wir nicht zu hören. Stattdessen brüllt uns der Mann an, wir sollten schleunigst wieder verschwinden. Und es gelingt ihm tatsächlich, uns schon bald wieder loszuwerden. Die zweite staatliche »Einweisung« erfolgt in ein Bahnwärterhäuschen mit einem engen Dachzimmer für meine Mutter und mich. Mein Bruder und meine Schwester sind getrennt voneinander bei entfernten Verwandten in der Rhön einquartiert. Mein Vater, als Soldat, irgendwo als Verwundeter in einem Lazarett. Unsere Großmutter ist inzwischen bei einem ihrer

Söhne untergekommen. Nun, da die Amerikaner da sind, holen wir mit Müh und Not die Geschwister zurück zu uns. Zu viert leben wir nun in dem einen Zimmer, schlafen auf dem Boden. Die Matratzen werden am Morgen auf einen kleinen Vorplatz gestellt. So können wir tagsüber an einem Tischchen sitzen. Die Gastgeber, die im Erdgeschoss leben, sind einfache, aber gute Menschen und hilfsbereit. Sie leben selbst beengt, sie verstehen uns. Das ist besser als ein geräumiges Zimmer bei einem wohlhabenden Bauern, der uns loswerden will.

Freilich leben wir gefährlich. Die Bahnstrecken werden nahezu täglich von Tieffliegern angegriffen. Da Lebensgefahr besteht, ziehen wir mit drei Dutzend anderen Leuten, Frauen, Kindern, älteren Menschen, in die nächstgelegene Bahnunterführung. Nun schlafen wir auf Stroh und wagen uns nur nachts heraus, um uns zu versorgen. Hier erleben wir die deutschen Truppen oder besser das, was von ihnen übrig ist, auf dem Rückzug. Kurz darauf erreichen uns die ersten amerikanischen Panzer, die Infanterie, die Sanitätsabteilungen und der Nachschub folgen. Auch sie wirken abgekämpft, haben aber den Wind im Rücken.

Wir können ins Bahnwärterhäuschen zurückkehren, was sich nun als Glücksfall erweist. Gleich in der Nähe liegt eine Blockstelle. Häufig halten die Züge, bis die Einfahrt in den zerstörten Würzburger Hauptbahnhof freigegeben wird. Die meisten Personenzüge, Dampfloks vor alten grünen Wagen mit Abteilfenstern, die man herunterschieben kann, sind mit amerikanischen Soldaten besetzt. Sobald sie wahrnehmen, dass Kinder neben den Waggons stehen und die Arme nach oben recken, reichen sie uns allerhand Essbares herunter.

Die neue Zeit beginnt mit lang entbehrtem oder unbekanntem Essen: Schokolade, Plätzchen, Döschen mit bestem Fleisch, Südfrüchte und – Kaugummi. Manchmal werfen uns die Heizer aus dem Tender der Lokomotive eine Schaufel Kohlen vor die Füße. Wir klauben sie bis zum letzten Stückchen auf. »Der Herr sorgt für die Seinen«, freut sich meine Mutter.

Zwischendurch wagen wir uns nach Würzburg, um nach unserem zerbombten Haus zu sehen. Über der Stadt liegt furchtbarer Gestank. Den Brand- und Verwesungsgeruch habe ich noch heute in der Nase. In allen noch zugänglichen Kellern sind Plünderer am Werk. Als sie weg sind, steigen wir in den Keller unseres zerstörten Hauses, hoffen, noch irgendetwas Brauchbares zu finden. Aber wir werden enttäuscht. Es ist kaum noch etwas da. Immerhin finden wir im Keller noch ein wenig Eingemachtes und kehren damit ins Bahnwärterhaus zurück.

Im Dorf befiehlt der Kommandant der amerikanischen Infanterie, zur Verpflegung der Truppe alle Hühner im Ort einzusammeln und zu schlachten. Plötzlich kommt unvermutet ein Marschbefehl, die Truppe muss weiterziehen. Die toten Tiere bleiben zurück. Tagelang essen wir Hühner. Es dauert, bis mir wieder ein gebratenes ›Hendl‹ schmeckt.

*

Eines Tages ist unser Vater aus der Kriegsgefangenschaft zurück. Er erzählt wenig.

Bald geht er wieder arbeiten, seine Firma braucht ihn. So läuft er beinahe täglich acht Kilometer zu seiner Arbeitsstelle nach Würzburg und auch zurück. Auch nachts, teilweise auf den Schienen der Bahntrasse. Müde wie er ist, nimmt mein Vater einmal auf dem Rückweg in der Dunkelheit einen herannahenden Zug erst im letzten Augenblick wahr. Um Zentimeter schafft er den Sprung zur Seite.

Zum Glück bekommen wir, wegen seiner Arbeit, eine neue Bleibe in der Stadt. Wir werden in das Wohnhaus einer Firma eingewiesen, die Feuerwerkskörper herstellt.

Die neue Zeit beginnt mit dem Abklopfen der alten Steine. Was noch brauchbar ist, wird verbaut. Jeder muss mit anpacken, Handwerk ist gefragt, bei schmaler Kost oder auch mit hungrigem Magen. Zum Glück schicken die Amerikaner sogenannte Care-Pakete mit Lebensmitteln und vielem anderen Nützlichen. Wir haben keine Verwandten in den Vereinigten Staaten, aber es fällt ab und an auch für uns etwas ab.

In der Stadt haben die Besatzer das Sagen. Die wenigen einigermaßen brauchbar gebliebenen Gebäude sind als Unterkünfte oder Arbeitsräume beschlagnahmt. Überall stehen Schilder mit der Aufschrift: Off Limits – wegbleiben. Kaum jemand spricht Englisch. Im »Dritten Reich« war das die Sprache des Feindes und unerwünscht. Wir tun uns anfänglich mit all dem Neuen schwer. Das bessert sich schnell. Auch deshalb, weil die meisten der Soldaten und zivilen Angestellten der Siegermächte es gut mit uns meinen.

*

Viele Flüchtlinge kommen aus ähnlichen Schutthalden der Erde in unser Land. Boatpeople aus Vietnam, bosnische Muslime, Jesiden …, Millionen haben Fluchterfahrung. Was das mit den Menschen macht, ist schlimm. Uns hat es nicht noch einmal getroffen, denke ich mir einmal auf dem Rückweg vom Auffanglager neben dem Flughafen. In der Erfahrung der hier versammelten Menschen sind Krieg und Zerstörung frisch, sie landen damit in Deutschland. Viele von ihnen, die mir im Terminal oder in Korridoren begegnen, haben vermutlich Schreckliches erlebt.

Auch manche deutschen Auswanderer kehren ins eigene Land zurück. Vor der Ausreise haben sie alles verkauft und nun weder Wohnung noch Hausrat. Sie sind am Ende ihrer Träume, wollen in Deutschland wieder Fuß fassen. Aber das ist nicht einfach. Eine Odyssee durch die Behörden steht ihnen bevor. Wir kennen den einen oder anderen Mitarbeiter der zuständigen Ämter, rufen an und bitten um Hilfe. Darüber vergehen ein paar Tage. Eine Familie schläft erst mal bei uns in der Kapelle und wird mit Lebensmitteln versorgt. Sie wollten sich verändern, dem oft banalen, bürgerlichen Leben entfliehen und stehen nun vor dem Nichts. Wir helfen ihnen. Sie gehören zu Gottes Schutzbefohlenen, und er kümmert sich um sie auch durch unser Herz und unsere Hände.

Luftnummern

Mutter Teresa, an die ich gerade wieder einmal denken muss, bewegte, wenn ich sie sah, unablässig den Daumen gegen den Zeigefinger. Normalerweise ist das eine Geste, die andeutet, dass es um Geld geht. Bei ihr lässt die Bewegung allerdings kleine, an einer Kette aufgereihte Perlen durch die Finger gleiten. Wer den Rosenkranz in der Hand führt, kann kein Geld zählen. Beides auf einmal geht nicht. Daran erinnere ich mich, wenn es bei uns im Seelsorgezentrum am Flughafen wieder einmal hoch hergeht und manche davon erzählen, was für einen fantastischen Hintergrund sie haben. Nicht alle sind so ehrlich und demütig wie die indische Nonne. Gelegentlich habe ich mit Hochstaplern zu tun. Sie treten selbstbewusst auf, sprechen von oben herab, erzählen eine beeindruckende Geschichte und hoffen, dass man darauf hereinfällt.

*

Ein Herr in feinem Zwirn stürmt den Seelsorgeraum. »Ist der Chef da?«, ruft er grußlos der Sekretärin zu. »Ich muss ihn dringend sprechen.« Dann erzählt er, dass er durch ein unvorhersehbares Missgeschick für den Moment mittellos sei. Er brauche dringend eine größere Summe. Er würde sie erstatten, sobald ihm sein Verwalter genügend Geld überwiesen hätte – mit einer stattlichen Prämie für die Seelsorge, das verstehe sich von selbst. Ich erkläre ihm, dass ich das Geld nicht hätte und für die Aushändigung eines solchen Betrags die Erlaubnis meines Vorgesetzten benötige. Ein wenig für das Nötigste könne ich ihm geben. Ich öffne meine Geldbörse und reiche ihm 20 Mark. Er schaut mich verächtlich an, wirft den Geldschein auf den Fußboden und meint, er würde sich eine solche Behandlung verbieten. So schnell, wie er gekommen war, ist er verschwunden. Drei Tage später steht er wieder im Büro. Kleinlaut erklärt er, das mit der Geldüberweisung habe nicht funktioniert. Er sei nun wirklich in Schwierigkeiten – ob ich ihm nicht doch den Geldschein geben könne. Ich gebe ihm das Geld, er ist sichtlich in Not.

Ein andermal stellt sich ein weltgewandter Mann vor. Großspurig stellt er sich als Diamantenhändler vor und wünsche, in der Flughafenkapelle zu heiraten. Mit der Flughafengesellschaft sei schon alles abgesprochen. Er würde zur Erinnerung an das große Ereignis in den Fußboden der Halle B mehrere Diamanten einsetzen lassen. »Würden Sie mich trauen?«, fragt er. Das kann ein Pfarrer nicht ohne Weiteres verweigern. Ich bitte ihn, die nötigen Papiere zu besorgen und mir zuzusenden. Sie treffen pünktlich ein. Die Braut, Tochter eines wohlhabenden Juweliers, kommt aus der Schweiz. Zum vereinbarten Termin erscheint auch die Hochzeitsgesellschaft. Die Kapelle ist auf ihre Kosten üppig geschmückt. Zwei private Sicherheitsleute begleiten den Bräutigam. Sobald das Paar und die Hochzeitsgesellschaft in der Kapelle sind, kontrollieren die Sicherheitsleute alle, die an der Kapelle vorbeilaufen oder gar eintreten wollen. Die Trauung verläuft ohne Zwischenfälle. Der festliche Rahmen und die schöne Musik, die natürlich von zwei Musikern live gespielt wird, geben ihr eine besondere Note. Der Gottesdienst endet mit einem großartigen Finale. Pompös zieht die Hochzeitsgesellschaft mit dem Begleitschutz ab. Mein Team und ich atmen auf, als das Ganze vorüber ist. Das war alles für uns doch ziemlich anstrengend, weil man das Gefühl hatte, dass jetzt bloß nichts falschlaufen sollte.

Kurz danach wird der vorgebliche Diamantenhändler enttarnt. Die Braut, deren Familie und auch wir sind einem Hochstapler aufgesessen, einem abgefeimten Heiratsschwindler. Die Familie aus der Schweiz meldet sich noch einmal bei mir. Die junge, nette Braut sitzt daheim, völlig verzweifelt, mit gebrochenem Herzen. Die Ehe wird als ungültig erklärt. Und im Fußboden von Halle B sind bis heute keine Diamanten zu bestaunen.

Es gibt andere eigenartige, wenn auch weniger dramatische Vorfälle. Eine elegant gekleidete Frau kommt in unsere Räume. »Ich habe mein Anwesen in Kanada verkauft«, sagt sie treuherzig. »Ich wollte einfach wieder nach Deutschland zurück. Den Erlös habe ich der Einfachheit halber in bar mitgenommen.« Sie öffnet ihre hochwertige, ziemlich ausgebeulte Handtasche und hält sie mir hin. Ich traue meinen Augen nicht. Dicke Bündel von kanadischen Dollarscheinen sind hineingeschichtet. So viele Banknoten auf einmal habe ich noch nie gesehen.

»Um Gottes willen«, entfährt es mir, »und was ist, wenn Ihnen hier jemand die Tasche vom Arm reißt?«

»Ich hatte keine Wahl. Meine Tochter, die ebenfalls in Kanada wohnt, war ganz und gar nicht damit einverstanden, dass ich in die Heimat zurückkehre. Sie schimpfte mit mir. Sie weiß nicht, dass ich das Haus verkauft habe und nun hier bin.«

»Wo wohnt sie denn?«, frage ich. Sie händigt mir die Adresse aus. Kurz entschlossen wähle ich die Nummer. Die Frau ist froh, dass ich es an ihrer Stelle tue. Die Tochter meldet sich und fällt aus allen Wolken – ihre Mutter ist in Frankfurt? Und sie hat das Haus verkauft?

Die Tochter schnappt nach Luft und nimmt den Nachtflug aus Toronto. Ihrer Mutter besorgen wir derweil ein

Quartier, und der Haufen Geld wandert in unseren Safe. Wer weiß, was ihr sonst vielleicht mit den vielen Scheinen im Gepäck zwischenzeitlich zugestoßen wäre. Was mir bis dahin nicht bewusst ist: Wir bewegen uns alle zusammen längst in der Illegalität. Die Frau hätte diese große Summe Bargeld gar nicht aus Kanada ausführen dürfen, und wir haben kein Recht, das Geld für sie aufzubewahren.

Ich sehe vorerst jedoch nur die Not der Frau. Aber diese ist, je länger sie an unserem Tisch sitzt, erkennbar nicht mehr ganz bei der Sache, wirkt verwirrt.

Vor dem Einschlafen, als ich den Tag noch einmal durchgehe und alles Gott anvertraue, stelle ich mir mit einem leicht unbehaglichen Gefühl die Frage nach der Rechtmäßigkeit der ganzen Aktion.

Am nächsten Morgen trifft die Tochter in Begleitung ihres Mannes ein. Ich händige ihr die Tasche mit dem Geld aus. Die Tochter kassiert alles ein. Ob das wiederum so in Ordnung ist, lasse ich auf sich beruhen.

Wie sie, ihr Mann und ihre Mutter mit der Tasche durch den Zoll gekommen sind, weiß ich nicht. Aber ich hoffe, dass alle drei miteinander Frieden gefunden haben. Der Herr hat's gegeben, der Herr hat's genommen, gelobt sei der Name des Herrn, lautet ein Stoßgebet im Alten Testament.

Einmal sucht uns ein amerikanischer Geschäftsmann auf, der sich auf der Rückreise von Arabien befindet. Er behauptet, sein Geld mit Rohöl zu verdienen, zieht sein Scheckbuch heraus, unterschreibt einen Scheck und reicht ihn mir herüber. – »Eine Spende für die Seelsorge. Setzen Sie die Summe ein, die Sie möchten.« Ich wehre ab. Aber er besteht darauf. Was soll ich machen? Mir ist das alles unangenehm. Natürlich können wir das Geld gebrauchen. Aber Selbstbedienung ist nicht meine Sache. Um ihm den Gefallen zu tun, trage ich

100 Dollar ein. Er schaut mich an, als würde er an meinem Verstand zweifeln. Dann sagte er mit ernster Stimme: »Schreiben Sie doch bitte noch ein paar Nullen dahinter.« Ich tue es nicht. Das kann doch alles gar nicht wahr sein! Ich muss unwillkürlich an all die Hochstapler denken, die mir hier schon begegnet sind. Aber der Mann scheint kaum darüber hinwegzukommen, dass ich mich mit so wenig Geld begnüge. Wieder und wieder bedrängt er mich, den Betrag auf dem Scheck durch zwei oder drei Nullen am Ende zu ergänzen. Ich bleibe bei meiner Haltung: »Einhundert Dollar sind genug.«

Wie ein Betrüger sieht er nicht aus. Aber wer weiß? Mit gemischten Gefühlen bringe ich den Scheck zur Bank und bekomme den Betrag anstandslos ausbezahlt. »Da wäre mehr drin gewesen«, schießt es mir für einen Moment durch den Kopf. Dann kann ich wieder klar denken: Die Kirche ist keine Spielhalle und die Seelsorge kein Wettbüro.

Geld allein macht nicht glücklich, sagt der Volksmund. Unseres jedenfalls geht an die Bedürftigen im Flughafen. Und davon gibt es genug. Es kommt vor, dass dieser oder jener eine ihm überlassene Summe später zurückerstattet, manchmal auch erst nach Jahren. Wir haben Besucher, die sich fast täglich eine bestimmte, kleinere Summe bei uns abholen, verarmte Leute oder auch behinderte Menschen. Dafür verwende ich einen großen Teil der Spenden, die uns von begüterten Menschen zugesteckt werden.

Eines Tages steht ein Mann, mit einer großen Verformung am Schädel, vor der Tür. Wir bitten ihn einzutreten. Er setzt sich an den runden Tisch, trinkt bedächtig eine Tasse Kaffee und isst ein Stück Kuchen. Anschließend bittet er um ein wenig Geld für Zigaretten. Am nächsten Tag stellt er sich wieder ein, wochenlang, jahrelang geht das so. Wir wissen kaum etwas über ihm, außer dass er in einer Einrichtung für betreutes Wohnen in der Umgebung lebt. Er ist wortkarg, und wir fragen grundsätzlich nicht nach, wenn jemand von sich aus wenig erzählt. Eines Tages wird im Fernsehen ein Beitrag über unseren Dienst ausgestrahlt. Man sieht den Mann bei uns im Seelsorgeraum am Tisch sitzen, wo er einen Kaffee trinkt. Nach der Sendung meldet sich eine Dame: Sie hat die Sendung auch gesehen und unseren Besucher erkannt. Es handelt sich um ihren früheren Chef. Er ist von Beruf Regisseur und Kameramann. Bei einem Dreh in Peru wurde er mit seinem Team von einer Gruppe bewaffneter Männer überfallen und ausgeraubt. Jemand schlug ihm mit einem Gewehrkolben so brutal auf den Kopf, dass er blutüberströmt zusammenbrach. Seine Mitarbeiter und Freunde dachten zunächst, er sei tot. Aber er konnte gerettet werden.

Nach langem Krankenhausaufenthalt wurde er als geheilt entlassen. Einige Schäden blieben. Er konnte seinen Beruf nie wieder ausüben.

Die Dame, die sich bei uns gemeldet hat, ist froh, ihren ehemaligen Chef gefunden zu haben. Und wir sehen den Mann nun mit ganz anderen Augen.

Über lange Zeit haben wir einen fleißigen Helfer, der aufgrund einer starken körperlichen Behinderung schon in jungen Jahren arbeitsunfähig ist. Er wohnt bei seinen Eltern und kommt fast täglich zu uns. Besonders eifrig ist er als Messdiener, und noch eifriger, wenn es nach der heiligen Messe darum geht, den Opferstock zu leeren. Er händigt mir den Inhalt aus, meist Münzgeld, und nicht allzu viel. Mit der Zeit fällt mir auf, dass an den Tagen, an denen er nicht da ist, sich auch der eine oder andere Geldschein in den Opferstock verirrt. Von da an leere ich diesen selbst. An Geldscheinen fehlt es selten.

Eines Tages, es ist sehr früh am Morgen, läuft einer unserer Mitarbeiterinnen der treue Messdiener in der Bahnhofsebene des Flughafens über den Weg. Er trägt einen Smoking mit Fliege und kommt gerade von der Spielbank in Bad Homburg. Da verbringt er seine Nächte. Und mir drängt sich der Gedanken auf: Da ist vermutlich auch mancher Schein aus unserem Opferstock gelandet. Beweisen lässt sich das freilich nicht. Aber allein der Gedanke, vielleicht hintergangen worden zu sein, ist nicht schön.

Ein anderes Mal kommt ein Beamter aus dem Flughafenrevier zu uns ins Seelsorgebüro. Ich kenne viele Polizisten, die regelmäßig am Flughafen Dienst tun, recht gut und merke gleich, dass der Mann nicht sehr erfreut ist. Es gehe nicht an, bei den vor dem Gebäude Parkenden um Geld für die Flughafenseelsorge zu betteln, kommt er gleich zur Sache. Es lägen mehrere Beschwerden über das aggressive Verhalten eines Sammlers vor. Ich bin überrascht, von einer Sammelaktion ist mir nichts bekannt.

Kurz darauf ist der vermeintliche Spendensammler bereits festgenommen. Er hat für sich selbst gesammelt. Wenn er die Seelsorge erwähnt, gesteht er hinterher, machen die Leute eher etwas locker. Dreister geht's kaum. Aber ich kann auch ein bisschen stolz sein, dass den Leuten unsere Arbeit so viel wert ist.

Die Kirche ist reich, höre ich jeden Tag mindestens einmal. Sie hat alles, vor allem sehr viel Geld. Da kann ich nicht widersprechen, aber die Kirche hilft auch viel.

Wir haben für die Flughafenseelsorge ein relativ kleines Budget, aber weil Geld für mich nur eine Nebenrolle spielt, halte ich in den gut drei Jahrzehnten, in denen ich täglich auf dem Flughafen Gottesdienst feiere, nicht ein einziges Mal eine Kollekte. Das ist für viele unserer Gäste, insbesondere für manche Amerikaner, ungewöhnlich. Sie kommen am Ende der heiligen Messe zu mir und erinnern mich: »Sie haben die Kollekte vergessen.« Wenn ich dann sage, dass es bei uns gar keine Kollekte gibt, antworten sie: »Ich darf Ihnen aber dennoch etwas für Ihren Dienst spenden!?« Das erlaube ich gerne und stelle Woche für Woche fest, dass wir das zur Verfügung haben, was wir für die Bedürftigen brauchen.

Als Ordensgeistlicher verfüge ich persönlich über 50 Mark Taschengeld im Monat. Mein Verhältnis zum Geld ist ausbaufähig. Ich kümmere mich nicht sonderlich darum, solange ich nicht frieren muss, zu essen und zu trinken und ein Zimmer zum Schlafen habe. Kleidung gibt es genug aus zweiter Hand. Für den Urlaub bekomme ich von meiner Gemeinschaft Urlaubsgeld. Und sonst stelle ich keine besonderen Ansprüche. Mein Fernweh stille ich am Flughafen, Gesellschaftsreisen gefallen mir nicht. Im Himmel hingegen hätte ich gern ein gut gefülltes Konto – in der dort gültigen Währung.

Abstürze

Wenn Flugzeuge abstürzen, endet das in aller Regel in einer großen Katastrophe. Stürzen können wir Menschen auch im übertragenen Sinn, und das ist ebenso tragisch. Vor allem wenn Alkohol im Spiel ist. Und diese Form der Abhängigkeit ist leider, wie in jedem Bereich der Gesellschaft, auch bei Mitarbeitern des Flughafens ein Thema.

Die Flughafengesellschaft ist ein sozial eingestellter Betrieb und hat der Arbeitsmedizin die Aufgabe übertragen, sich um alkoholkranke Mitarbeiterinnen und Mitarbeiter zu kümmern. Gemeinsam mit einer Ärztin gründen wir einige Gruppen von Anonymen Alkoholikern.

Schwierig ist es, die Abhängigen ausfindig zu machen. Manche haben ihre Thermosflaschen in der Arbeit dabei. Was eingefüllt wurde, sieht man nicht. Vielleicht ist es Salbeitee oder Kaffee? Und vielleicht auch »mit Schuss«?

Man muss in dieser trockenen Luft am Flughafen immer mal etwas trinken, reden sie sich heraus. Die meisten Alkoholabhängigen fallen erst auf, wenn sie ihre Arbeit vernachlässigen. Dann kommen sie zu uns in die Beratungsgruppe. Das wird sogar als Arbeitszeit angerechnet. Und die Firma bewilligt ein halbes Jahr Entziehungskur. Der Arbeitsplatz bleibt gesichert. Werden Mitarbeiterinnen und Mitarbeiter rückfällig, beginnt ein zweiter Versuch. Erst beim dritten Mal ist Schluss. Dann erfolgt die Kündigung. Das wollen wir auf jeden Fall verhindern. Hinter vielen Beschäftigten steht eine Familie, die auf den Verdienst angewiesen ist. Wir laden deshalb ab und an auch die Ehefrauen oder die heranwachsenden Kinder ein, um mit ihnen zu reden, um ihnen diese Krankheit zu erklären und um sie zu bitten, bei der Heilung mitzuhelfen. Das erfordert allen Beteiligten viel ab.

Immer wieder gehen Familien in die Brüche. Das ist eine weitere schwere Belastung. Manche lassen sich lange Zeit nicht helfen. Wenn sie kommen, ist es bisweilen zu spät.

»Wie können Sie damit leben, dass vieles vergebens ist?«, fragt mich jemand. Für mich ist das ein Ansporn zu noch mehr Einsatz. Gläubigen Menschen bleibt das Gebet, der geistliche Zuspruch, die spirituelle Begleitung. Alles, was helfen kann, wird mobilisiert. Aufgeben kommt nicht infrage. Die Hoffnung bleibt. Wir versuchen es immer wieder, weil jeder Einzelne wertvoll ist. Und jeder Mensch ist von Gott geliebt.

Viele Obdachlose leben dauerhaft am Flughafen, ziehen mit ihren Habseligkeiten von Sitzbank zu Sitzbank. Der Flughafensicherheitsdienst, auch Schutzdienst genannt, weist ihnen immer wieder die Tür. Denn die Fluggäste wissen mit ihnen nicht umzugehen. Im Winter lässt man sie gewähren. Im Tiefbahnhof, am Ende eines Bahnsteigs, können sie übernachten. Der Reinigungsdienst schaut mehrmals täglich vorbei und säubert den Platz von verschüttetem Schnaps und Ähnlichem. Kaum jemand kann sich ausmalen, welches Schicksal der Einzelne zu tragen hat.

Es sind oft rastlose Menschen. Sie können nicht an einem Platz bleiben. Einige schleppen einen Gepäckwagen mit sich herum, vollgepackt mit allerhand Kram. Sie suchen in den Abfallkörben nach Brauchbarem. Wir vermitteln viele zu den Hilfseinrichtungen der Stadt. Werden sie aus dem Flughafen gewiesen, kommen sie zurück, dann werden sie wieder hinausgeschickt. Irgendwann ergeht ein förmliches Hausverbot. Sie kommen dennoch weiterhin. »Ich habe mit dem Job meine Wohnung verloren, weil ich die Miete nicht mehr zahlen konnte«, sagt ein noch halbwegs gut gekleideter Mann leise zu mir, während eine S-Bahn vorbeidonnert.

Wir versuchen zu helfen und zu vermitteln. Zum Beispiel mit Kleidungsstücken, die irgendwo am Flughafen liegen bleiben und im Fundbüro nicht abgeholt werden. Die sammeln wir in einem Kleiderschrank und verteilen sie später an Bedürftige. Jede und jeder, der zu uns kommt, erhält einen heißen Kaffee oder Tee, etwas zu essen, manchmal auch etwas Geld, um sich selbst eine kleine Freude zu machen. Es sind Menschen, denen ihre Würde zusteht.

Zugvögel

Reiseflugbegleiter, die Stewardess oder Steward genannt werden, haben auf den ersten Blick einen traumhaft schönen Beruf. Das fliegende Personal sieht viel von der Welt: Brasilien, Neuseeland, Norwegen, Indien – das klingt fantastisch –, und oft ist es das auch. Viele sind Luftfahrtbegeisterte, die ihren Beruf lieben. Ich lausche oft wie gebannt, wenn sie erzählen. Immer wieder schimmert aber auch durch, dass es keine Vergnügungsreisen sind. Nach einem langen, anstrengenden Flug folgt eine Übernachtung im Airporthotel, und am nächsten Morgen geht es zurück nach Deutschland – oder in ein anderes Land, wo auch keine Zeit bleibt, wirklich etwas von der fremden Stadt zu sehen oder ins Umland zu fahren. Klar: Ab und zu lassen sich irgendwo freie Tage einschieben und für Ausflüge nutzen, man sieht einen hinduistischen Tempel oder kann irgendwo schön essen gehen. Aber zu Hause wartet die Familie. Und der Flugplan drängt. Mancher Passagier stellt zudem überzogene Ansprüche, gerade an die jungen Frauen. »Der bildet sich wohl ein, er habe mit dem Flugschein gleich die Stewardess mitgebucht«, ist ein geflügeltes Wort hinter den Kulissen. Und die Grenze zwischen einem lockeren Spruch und plumper Anmache ist fließend.

Ich bin entsetzt, wenn mir davon berichtet wird. Denn jeder Mensch hat seine Würde, an der sich keiner zu vergreifen hat!

Des Öfteren werde ich zur Abschlussprüfung eines neuen Ausbildungskurses für Kabinenpersonal auf die Lufthansa-Basis eingeladen. Dabei wird viel gefordert. In Rollenspielen wird trainiert, was das Personal später erwartet.

Zum Beispiel eine Gruppe unhöflicher Passagiere an Bord eines Ferienfliegers. Alle müssen freundlich, aber mit Augenmaß bedient werden. Der Service hat fehlerfrei zu sein. Ein kleiner Vorgeschmack auf das Kommende.

Wie man den Service meistert, gekonnt mit Problemen umgeht, lernen Flugbegleiterinnen und -begleiter in der Ausbildungszeit. Aber es gilt eben auch, das Leben nach dem Dienst zu bestehen, mit privaten Schwierigkeiten umzugehen. Der Dienst im Flieger verlangt auch den Partnern viel ab. Darum drehen sich die Gespräche bei uns. Wenn einmal dieser oder jenem von ihnen die Dinge über den Kopf zu wachsen drohen, stehen sie plötzlich in meinem Zimmer im Terminal. Manche gottlob auch schon eher.

Ein am Boden zerstörter Steward kommt zu mir. Seine Frau ist auf einer Kur gewesen. Gestern sollte sie zurückkommen. Er freut sich, kommt vom Dienst heim – sie ist nicht da. Stattdessen liegt auf dem Küchentisch ein Zettel. Darauf hat sie ihm geschrieben: Du brauchst nicht nach mir zu suchen, ich bin mit meinem neuen Freund in seine Heimat gefahren. Der Mann fällt aus allen Wolken, hat nichts geahnt. Wir sprechen lange miteinander, treffen uns öfters. Ich versuche, ihn etwas aufzubauen. Es dauert lange, bis er den Schock überwunden hat.

Kondensstreifen

Mit einer Frau an meiner Seite wäre mein Leben anders verlaufen. Feste Verbindungen ging man zu meiner Jugendzeit nur ein, wenn sie Aussicht auf ein gelingendes Familienleben boten. Dafür mussten die Voraussetzungen gegeben sein, beruflich und finanziell. Außerdem hatten die Eltern ein gewichtiges Wort mitzureden.

Sicher, wir sind in der katholischen Jugend auch mit den Mädchen zusammen. Wir gehen gemeinsam zum Tanzen, machen Ausflüge, singen im Jugendchor. Ein besonderer Anziehungspunkt ist die Maiandacht. Da gehen alle hin. Danach treffen wir uns, unterhalten uns, planen die nächste sonntägliche Radtour. Einzelne Paare bilden sich. Man hat seine Freundin. Auch ich. Und dabei bleibt es zunächst einmal.

Als mein bester Freund und ich mit dem Priesterberuf liebäugeln, eröffnet mir das Mädchen, dass ihre Mutter sie gebeten habe, sich zurückzuziehen, denn einen Priesterberuf dürfe man nicht gefährden. Sie erzählt mir das und kündigt gleichzeitig an, sich an den Rat ihrer Mutter zu halten. Auch das ist nicht außergewöhnlich. Die Kirche hat zur damaligen Zeit noch so viel Ansehen, dass die Menschen sie in ihre Überlegungen und Lebensentscheidung miteinbeziehen. Als ich zum Studium nach Limburg umziehe, sehen wir uns in den Ferien. Wir bleiben gut befreundet, bis zum heutigen Tag. Sie heiratet, zieht Kinder groß und lebt glücklich mit ihrer Familie.

Vor der Hochzeit in eine gemeinsame Wohnung zusammenzuziehen, ist zu der Zeit undenkbar. Es wird auch nicht offen darüber gesprochen, nicht einmal das gehört sich. Der Vermieter würde sich strafbar machen. Es ist nicht vorgesehen, und das stößt kaum jemandem auf. Mühsamer ist, die strenge Sozialkontrolle zu ertragen. Überall lauern Leute, die aufpassen, dass alles anständig verläuft. Deren Übereifer treibt manche Blüten, leider gerade in der Kirche. Und die nach außen gefestigt wirkenden Ehen sind bisweilen genauso ausgehöhlt wie mancher geistliche Werdegang.

Als ich nach den ersten Ferien ins Limburger Pallottinerhaus zurückkehre, werde ich zum Hausrektor gerufen. Es ist ihm sichtlich unangenehm, mich in sein altmodisch möbliertes Arbeitszimmer zu bestellen. Mir liegt ein anonymer Brief aus Würzburg vor, sagt er mit einem leichten Beben in der Stimme. Ein Schreiben, in dem mitgeteilt wird, dass ich dort mit einer jungen Frau unterm Regenschirm eingehakt gesehen wurde.

»Haben Sie etwas dazu zu sagen?« Mein Gegenüber nimmt mich fest in den Blick. Ich weiche ihm nicht aus. »Die junge Frau war meine Mutter«, antworte ich knapp und bestimmt. Sie ist sehr schlank, klein und zierlich. Damit ist der Fall erledigt.

Heutzutage würde man über einen solchen Brief den Kopf schütteln und ihn wegwerfen. Heute überlässt man Beziehungsthemen den jungen Leuten selbst, soweit sie noch in der Kirche auftauchen. Man appelliert an ihr Verantwortungsbewusstsein und versucht, sie zu einem selbstbestimmten, abgeklärten Verhalten zu ermuntern. Kaum jemand stellt infrage, dass dies der bessere Weg ist. Aber die Unbekümmertheit, mit der sich heute junge Menschen zusammentun, kann auch zu tiefen Verletzungen führen.

*

Die Seelsorge ist für das Leben da. Wir versuchen, den Menschen zu helfen, ihr Leben gut und richtig zu gestalten, sie zur Lebensbejahung zu führen, ihnen Lebensqualität zu vermitteln. Gott will, dass wir frohe Menschen sind, dass wir das Traurige in der Welt mit seiner Hilfe besiegen und Freude am Leben haben.

Aber im Leben bleiben Enttäuschungen leider nicht aus. Beziehungen gehen in die Brüche, Verrat, Egozentrik, Neid und Missgunst bringen Menschen auseinander. Und viele tragen schwer an dem, was ihnen zugemutet wird – und an dem, was sie sich selbst und anderen zumuten.

Die Zeit heilt Wunden, wie man sagt. Das stimmt, aber es braucht eben Zeit und Geduld. Die Erschütterungen müssen sanft abklingen. Geschehenes kann man nicht ungeschehen machen, aber man kann lernen, richtig damit umzugehen. Und dabei helfen wir als Flughafenseelsorge. Wir können schnell machen, wenn es nötig ist, und langsam und behutsam vorgehen, wo dies hilfreich erscheint.

*

Dass sich immer wieder Journalisten für unsere Seelsorgearbeit interessieren, gehört dazu. Und es ist in der Regel auch eine gute Sache, wenn berichtet wird, denn je bekannter wir werden, umso leichter finden die Menschen zu uns. Manchmal ist in Sachen Berichterstattung aber auch Vorsicht geboten. Mit den Jahren bekomme ich auch dafür den richtigen Riecher.

Ein Pressemann kreuzt auf. Er sei auf der Heimreise nach London, lässt er mich ein wenig kurzatmig wissen. Und er möchte unbedingt vor seinem Rückflug noch beichten, das würde ihn und sein Gewissen beruhigen. Die Bitte ist nicht ungewöhnlich. Wir gehen in mein Zimmer. Schließlich ist eine Beichte nicht für andere Ohren bestimmt.

»Ich wurde als guter Katholik erzogen«, muss er noch loswerden, bevor er sich setzt, »… niemals etwas aufschieben, was man sogleich tun kann.« Na, denke ich mir, dieses Motto passt an sich auch zu Nichtkatholiken.

»Ich bin in eine peinliche Angelegenheit hineingeraten«, vertraut er mir noch an, bevor es zur Beichte kommt. »Sie können sich sicherlich denken, worum es geht. Als Ehemann, fern von der eigenen Familie. Allein, na ja, da passiert so etwas schon mal.« Zu Hause würde er regelmäßig beichten, wiederholt er sich, der Ortspfarrer sei sein Freund. Aber der Mann ist weit weg – und: »… jeder Flug sei gefährlich.«

Ich spüre, dass da etwas nicht stimmt. Deshalb rate ich meinem Gegenüber, doch zu Hause den vertrauten Seelsorger aufzusuchen, der ihn seit Langem kennt, und bei ihm zu beichten.

Sicher, beharrt er, aber in diesem Fall ist die Sache doch recht heikel. Er sieht mich treuherzig an: »Es fällt mir schwer, über diesen Vorfall zu sprechen. Ich schäme mich. Deshalb meine ich, es ist besser, wenn Sie mich hier befragen.«

Mein Misstrauen wächst. Ich kürze die Angelegenheit ab und lege Folgendes fest: »Wir gehen jetzt zusammen in die Kapelle, Sie sprechen dort ein Reuegebet und bitten den Herrgott um Vergebung. Dann können Sie beruhigt nach London fliegen und dort beichten.«

Da springt der Journalist auf und sagt erbost: »Mit Ihnen ist wirklich nichts zu machen. Ich wollte eigentlich hören, was Sie als frommer Mann zu meiner Geschichte zu sagen haben, denn ich schreibe für ein namhaftes deutsches Magazin einen Artikel über die katholische Beichte.« Mit diesen Worten greift er sich seine Tasche und verschwindet. Bald danach erscheint der Beitrag. Er beklagt die hoffnungslose Rückständigkeit und Prüderie der katholischen Kirche in Fragen der Sexualität. Aber, so wird behauptet, das Interesse von einzelnen Pfarrern an Bettgeschichten sei recht groß. Er schlachtet genüsslich aus, dass einige auf ihn hereingefallen sind und ihn nicht nur im Beichtstuhl angehört, sondern auch immer wieder nach Details gefragt haben. Über seinen Besuch bei uns in der Flughafenseelsorge verliert er kein Wort.

Mehrmals haben mich Menschen über ihre wahren Absichten zu täuschen versucht. Mit der Zeit lernt man zu unterscheiden: Was ist echt und was nicht? Und: Kleider machen keine Leute. Auch wenn sich manche geschickt in ein Gespinst von Täuschungen und Lügen kleiden.

Manche Täuschung endet in einer Enttäuschung – dies gilt für beide Seiten. Wer mich für einen frommen Einfaltspinsel hielt, wurde zuweilen eines Besseren belehrt. Wichtig war mir immer, meinem Gegenüber offen zu begegnen. Ein offenes Ohr für die Anliegen zu haben. Mitzufühlen. Aber ich hatte irgendwann auch genügend Lebenserfahrung, um die feinen Untertöne, die leisen Hinweise wahrzunehmen – und Vorsicht walten zu lassen, wenn ich merkte, dass da irgendetwas nicht zu stimmen schien. Gott selbst bewahrt diejenigen, die an ihn glauben, durchaus vor manchem Absturz. Darauf darf ich vertrauen. Und zu einer dem Menschen zugewandten Seelsorge gehört auch, klare Grenzen aufzuzeigen, wenn es nötig erscheint. Ich nenne das die »Seelsorge der geraden Linie« – und jeder Kondensstreifen am Himmel erinnert mich daran. An diesem Punkt habe ich seit vielen Jahren, eigentlich von Anfang an Klarheit.

Höhenflug

Mitten in der Aufbauphase nach dem Krieg lasse ich alles stehen und liegen und entschließe mich, noch einmal ganz von vorne zu beginnen. Ein kühnes Vorhaben. Was, wenn es nicht gelingt? Ich bin bald Mitte zwanzig, bekomme als kaufmännischer Angestellter ein ordentliches Gehalt und werde nun für viele Jahre noch mal die Schulbank drücken, um das Abitur zu bestehen und danach zu studieren. Denn ich spüre, dass ich nicht da bin, wo ich sein will.

Im Jahr 1950 gab es in Würzburg eine Volksmissionswoche in unserer Gemeinde. Jeden Abend predigt ein anderer Priester in unserer Kirche. Ich gehe mit meinen Freunden hin und höre zum ersten Mal diesen befremdlich klingenden Namen: Pallottiner – darunter können wir uns nichts vorstellen. Der Pater, der an diesem Abend spricht, packt für die damalige Zeit heiße Eisen an, redet offen über Jugend und Sexualität. Weil wir das ziemlich interessant finden, bitten wir ihn anschließend um ein Gespräch, um ihm unsere Fragen vorzutragen. Das Gespräch hält, was wir erwarten. Mittendrin sagte der Pater zu meinen Freunden und mir: »Ich meine, ihr könntet Priester werden.« Einfach so. Wir sind überrascht, weil wir das nicht erwartet hatten. Keiner von uns hat Abitur – und ohne geht es nicht.

Aber der Pater erklärt, dass die Pallottiner in Limburg eine sogenannte Spätberufenenschule haben. Da kann man das Abitur nachholen und dann im Noviziat in die Gemeinschaft eintreten. Ernüchternd ist, dass dem ein schier endloser Bildungsweg vorausgeht: Wir müssen sämtliche Klassen von der Sexta bis zur Oberprima durchlaufen, und das dauert pro Klasse ein volles Jahr. Doch es gelingt uns beiden, mit viel Fleiß dreimal hintereinander jeweils eine Klasse zu überspringen. Das erspart uns drei Jahre Schulzeit. Nach sechs Jahren, mit dem Abitur in der Tasche, schließen sich dann weitere sechs Jahre Hochschulstudium an. Eine recht lange Durststrecke bis zum Ziel.

Dennoch ist der Pallottinerpater überzeugt, dass dies für uns der richtige Weg sein könnte. Wir erbitten uns Bedenkzeit, versprechen aber, noch vor seiner Abreise Bescheid zu geben. Im Freundeskreis kommen wir zu dem Ergebnis, dass es zwei von uns versuchen sollten, mein bester Freund und ich. Er ist Elektrotechniker, ich Industriekaufmann. Also gehen wir zum Pater und teilen ihm mit, dass wir beide sein Angebot annehmen. Er notiert sich unsere Adressen und sieht uns aufmunternd an. Nach einigen Wochen kommt ein Brief des Pallottiner-Provinzials aus Limburg. Meine Mutter winkt mit ihm, als ich von der Arbeit nach Hause komme. Gleich nach Ostern 1952 können wir in die Spätberufenenschule aufgenommen werden. Damit sind die Würfel gefallen. Mit der Zusage in der Tasche, kündige ich meine Arbeitsstelle und eröffne den Plan der weiteren Verwandtschaft und Bekanntschaft. Limburg, wo liegt das überhaupt? Auch das lässt sich klären.

Ich finde mich im Internatsleben wieder. Wir werden streng geführt. Im Dachgeschoss liegen Schlafsäle mit fünfzehn bis zwanzig Zellen mit nach oben offenen Holzwänden, die in den Raum eingezogen sind. Um halb sechs Uhr morgens wird geweckt. Jeder hat eine Waschschüssel, für mehr ist kein Platz. Auf dem Wasser bildet sich im Winter eine dünne Eisschicht. Ich entferne sie, rasiere mich mit Seife und Pinsel, wasche mich, ziehe mich an. Dann eile ich mit den anderen Internatsschülern in die Kirche. Nach dem Gottesdienst gibt es Frühstück. Anschließend muss für 180 Schüler gespült werden, damit wechseln wir uns nach Plan ab.

Um acht Uhr beginnt der Unterricht. Nach dem Mittagessen geht es auf den Acker, zum Ernten von Rüben, Kartoffeln oder sonst etwas. Am Nachmittag ist Zeit für das Studium. Nach dem Abendessen und dem Abspülen haben wir kurz Freizeit, bevor es zum gemeinsamen Abendgebet geht. Um neun Uhr wird das Licht gelöscht. So geht das jeden Tag, der Sonntag ausgenommen.

Die Feldarbeit ist keine Schikane. In den Nachkriegsjahren spielt die Selbstversorgung eine große Rolle.

Viele meiner Bekannten denken, dass ich nicht durchhalte. Meine Eltern meinen, nüchtern wie immer: »Du bist alt genug, du musst wissen, was du tust, überlege es dir gut.«

Meine Mitschüler und ich, wir überlegen gar nicht viel, wir denken nur: vorwärts, einfach vorwärts. Wir sind nach dem Krieg ganz unten, unser Land als solches und jeder für sich. Es kann doch nur nach oben gehen. Wir hoffen, dass uns das gelingt. Wir können etwas, haben uns in schlimmsten Zeiten bewährt, weil wir nicht aufs falsche Pferd gesetzt haben. Wir wissen, worauf wir vertrauen können. Wir bauen auf Gottes Hilfe. Und die kommt auch. Wir suchten eine Zukunftsperspektive und haben eine bekommen.

Mit dem Eintritt in die Spätberufenenschule öffnet sich für uns eine Tür. Wir können nun werden, was uns durch die Zeitumstände verbaut war. Darin erkennen wir das Wirken der Vorsehung – und wir spüren: Gott lässt uns nicht im Stich.

Wer A sagt, soll auch B sagen. Dankbarkeit und Treue sind für mich hohe Werte. Es versteht sich nicht von selbst, dass etwas gut ausgeht. Auf den Gedanken, aufzugeben, wieder zurückzugehen, komme ich gar nicht. Ich strenge mich an und komme weiter. Ich will mir und meiner Entscheidung treu bleiben. Das macht den Weg frei. Es gibt Menschen, die auf dich setzen, sage ich mir, und die willst du nicht enttäuschen. Das meine ich den Patres und meinen Eltern schuldig zu sein.

Als ich in Limburg beginne, sind die Jüngsten in unserer Klasse dreizehn oder vierzehn Jahre alt. Kein Wunder, dass einige von ihnen im Lauf ihrer Entwicklung merken, der Priesterberuf ist nicht das Meine. Aber die meisten stehen weiterhin treu zur Gemeinschaft der Pallottiner, die ihnen ihrerseits gewogen bleibt.

*

Am allgemeinen kirchlichen Umgang mit den jungen Leuten stimmt aber etwas nicht, das spüre ich bald. Drill und Angst verprellen einige – und es herrscht ein überkommenes Denken. Dort, wo es eigentlich um eine Form von Weggemeinschaft gehen sollte, versucht man, die Menschen zu etwas zu erziehen, was dem althergebrachten, kirchlichen Weltbild entspricht. Die Leitenden der Ausbildungs- und Gemeinschaftseinrichtungen sind durchweg intelligente Männer. Nur bemerkt kaum einer von ihnen, Frauen zählen nicht dazu, wie die Zeit über sie hinweggeht. Selbstbestimmung ist nicht einmal als Wort bekannt. Vorgesetzte, die immer selbst bestimmen wollen, gibt es hingegen reichlich. Das kann nicht gut gehen. Man kann junge Erwachsene nicht wie Kinder behandeln. Einige verlassen die Gemeinschaft. Die Versäumnisse hängen dem Priesterberuf teilweise bis heute nach.

Ein bisschen fliegen

Wir sind Dutzende in jedem Jahrgang. Das steigt den Verantwortlichen zu Kopf. Wenn einer nicht pariert, heißt es oft: »Du fliegst.« Das ist das geflügelte Wort für einen schnellen Abgang vom Internat. So ist das damals. Fähige Leute, die in der Kirche später Leitungspositionen übernehmen könnten, wie ihr weiteres Leben zeigt, werden einfach weggeschickt. Hier wird der Grund für einen Aderlass gelegt, von dem sich die verfasste Kirche nicht mehr erholt. Vieles läuft nach Schablonen, wie beim Militär. Je stärker der Druck, desto größer die Verluste. Nach dem Abitur steigt auch mein Freund aus. Ein Mitschüler, mit dem ich in Limburg angefangen habe, wird Oberst bei der Bundeswehr. Er wäre ein guter Priester geworden. Ein anderer wird Direktor einer großen Versicherung in Frankfurt und baut eines der Hochhäuser, die das Blickfeld prägen. Sie stoßen die jungen Leute, von denen sie meinen, sie würden nicht ins Noviziat der Gemeinschaft passen, vor den Kopf. Andere, von denen man glaubte, sie würden bleiben und in die Gemeinschaft eintreten, lehnen später dankend ab.

Im Laufe der Zeit beginnen sich immer mehr Menschen gegen das straffe Regiment zu wehren. Denn für diese Art von Kirche haben sie nichts übrig. Im Jahrgang über mir kommen eines Tages alle mit einem Koffer in der Hand ins Klassenzimmer. Der Lehrer tritt ein: »Was soll das denn?« »Wieso«, sagen die Schüler mit unschuldiger Miene. »Sie haben uns doch mehrfach gesagt, dass wir fliegen. Deshalb haben wir uns Gepäck mitgebracht.« Dem Lehrer fehlen die Worte. Die Schüler ziehen mit den Koffern wieder ab. Und sie bleiben.

Wenn ich im Flughafen an den Förderbändern vorbeilaufe und die Fluggäste ihr Gepäck greifen sehe, muss ich manchmal unwillkürlich an diese Szene denken. Ich lächle vor mich hin, und mancher Angestellte wird sich denken: Der Pfarrer hat wohl keine Sorgen, er ist immer gut aufgelegt.

*

Nach dem bestandenen staatlichen Abitur gehe ich für zwei Jahre nach Olpe im Sauerland ins Noviziat, dann an unsere Hochschule in Vallendar am Rhein. Auch in der Priesterausbildung werden wir alle vier Wochen geschlossen zur Beichte geschickt. Keiner kann es sich leisten, da auszuscheren. Aber es gibt auch Lichtblicke: Wir haben einen Spiritual, einen geistlichen Begleiter, der uns im Zimmer empfängt, nicht etwa im Beichtstuhl. Ich klopfe, trete mit einem Gruß ein, den er herzlich erwidert. »Komm, setz dich mal ein paar Minuten her«, sagt er unumwunden zu mir. »Und geh dann wieder, ohne Beichte. Wo sollen denn all die Sünden herkommen.«

Da ich die beiden letzten Semester geschenkt bekomme, beginne ich 1965 meinen ersten Seelsorgedienst in der Pallottinerpfarrei in Limburg. Nach zwölf Jahren Ausbildung und Theorie lande ich in der praktischen Seelsorge. Und statt der zunächst vorgesehenen zwei Jahre bleibe ich sieben. Dann kommt die Versetzung an den Flughafen.

Später bin ich froh, damals auf dem Internat und in der Ausbildung diese Erfahrungen gemacht zu haben. Sie haben mich auf einen guten Weg gebracht. Gerade die schlechten Erlebnisse haben mir geholfen. Dieselben Fehler konnte ich nun vermeiden. Ich kann zu mir stehen, nach meinen Überzeugungen handeln, mein Weg durchs Leben und mein Weg zu Gott bedeutet anderen etwas. Und ich bin belastbar im

Dienst. Wenn jemand am Flughafen oder sonst wo in Not ist, wenn ihm Geld, Pass und Ticket gestohlen werden, dann braucht er Soforthilfe und Beruhigung. Einen klaren Kopf, um das nun Notwendige umsichtig tun zu können. Sind Menschen wieder in ruhigem Fahrwasser, dann erinnern sie sich sehr wohl, wie das war und wer für sie da war. Vielleicht fragen sie sich noch, warum wir ihnen zur Seite standen, warum wir das tun. Das genügt. Zu spüren, dass da jemand ist, der hilft, wiegt mehr als viele fromme Worte.

Nicht alle Wege sind gut ausgebaut, manche sind mühsam. Da schadet es nicht, wenn man etwas abgehärtet ist. »Nicht wahr, Herr Pater«, sagt einmal nach dem Gottesdienst eine Besucherin charmant lächelnd zu mir, als wir vor der Flughafenkapelle zusammenstehen. »Ein bisschen fliegen muss immer dabei sein.«

Ich bin dankbar, dass mir bis heute ein bisschen fliegen geblieben ist, dass ich jeden Morgen aufstehen und den Tag in Ruhe, aber erwartungsvoll angehen kann.

Am Anfang sehe ich, was läuft. Später erfasse ich den Sinn meines Lebens und meines Tuns. Ich erkenne, dass das eigene Leben so und nicht anders verlaufen sollte. Das Bild wird klarer. Es nimmt deutlichere Umrisse an, und ich begreife: So, wie es gewesen ist, so sollte es auch sein. Dass man dafür auch Opfer bringen muss, auf dieses oder jenes verzichten muss, versteht sich von selbst. Der Mensch denkt, Gott lenkt. Klingt beides zusammen, wird daraus eine Erfolgsgeschichte. Es hätte in meinem Leben auch ganz anders kommen können. Ich hätte mich mit meiner Treue zur Kirche übernehmen können, die Seelsorge wäre zur Last geworden, ich selbst verbittert oder zynisch, eine Art mit Gott hadernder Menschenfeind. Zum Glück habe ich das gefunden, was meiner Berufung entspricht. Der Glaube verleiht mir Flügel.

Lufthansa

Sicher?

Immer mal wieder fliegt auch die Angst mit. Statistisch betrachtet leidet jeder Vierte an Flugangst. Es kommen Passagiere zur Flughafenseelsorge, die eine so große Furcht vor dem Fliegen haben. Sie erzählen, dass sie es nicht schaffen, eine Gangway hinaufzusteigen. Normalerweise meiden solche Menschen den Flughafen. Aber es gibt Fälle, in denen jemand das Flugzeug nehmen muss. Wenn etwa in der Familie eines amerikanischen Soldaten, der in die Heimat zurückversetzt wird, eine Person dabei ist, die Flugangst hat, wird es schwierig. Aber es gibt auch andere Situationen, in denen Menschen sich selbst und andere in eine verzwickte Lage bringen …

Zwei junge Frauen, enge Freundinnen, wollen nach Fernost. Eine der beiden hat Flugangst. Die andere überredet sie, dennoch mitzufliegen. Beide gehen an Bord der Maschine. Doch die ängstliche Frau steigt wieder aus. Die andere fliegt allein in Urlaub. Und die Ängstliche fährt mit dem Zug wieder nach Hause.

Ein junger Deutscher ist nach Neuseeland ausgewandert. Er will die Heimat wiedersehen und nimmt sich dafür drei Monate Zeit. Er schafft den Flug nach Frankfurt, trotz Flugangst. Doch nach drei Monaten muss er wieder zurück nach Neuseeland. Kommt er nicht, verliert er dort seinen Arbeitsplatz, heißt es im Luftpostbrief, den mir der gestandene Mann unter die Nase hält. Für eine Rückreise mit dem Schiff reicht die Zeit nicht mehr. Also will er zurückfliegen. Aber er hat Flugangst. Ich versuche, ihm klarzumachen, dass das Fliegen ungefährlicher ist als das Autofahren. Ein Flug ist sicherer als der Weg zum Flughafen, das zeigt sich, statistisch betrachtet. Der Vergleich hilft nicht. Dann male ich dem Mann, der vor mir sitzt, das Erlebnis eines Fluges in den schönsten Farben aus – umsonst.

Der Abflug naht. Zu dritt gehen wir zum Flugsteig. Das Einsteigen beginnt. Wir bringen unseren Gast, der weiterhin ziemlich unruhig ist, bis zu seinem reservierten Platz.

Freundlich verabschieden wir uns, winken noch einmal und verlassen der Maschine durch den Gang.

Nach einer Viertelstunde steht er wieder im Seelsorgeraum.

»Ich schaffe es nicht«, sagt er leise und schaut verlegen zu Boden. »Auf einmal habe ich solche Angst bekommen, dass ich ganz einfach aussteigen musste.«

Wir sprechen ihm gut zu. Aber auch der zweite Versuch, eine spätere Maschine zu nehmen, scheitert. Der Mann kehrt an seinen Heimatort in Deutschland zurück. Wochen später kommt unerwartet eine Karte aus Neuseeland. Er bedankt sich und schreibt, dass er für die Rückfahrt das Schiff genommen hat. Ob er einen neuen Arbeitsplatz gefunden hat, erwähnt er nicht.

*

Die Lufthansa bietet Kurse zur Überwindung von Flugangst an. Die zeigen durchaus Wirkung. Hat aber jemand eine starke pathologische Angst vor dem Fliegen, wird er es auch mit einem solchen Kurs nicht schaffen. Letztlich ist es die Angst vorm Tod. Ein Flughafen ist lebendig, manchmal auch voll überschäumendem Leben. Er ist aber auch ein Ort, um den der Tod keinen Bogen macht. Feinfühlige Menschen spüren das wohl in heftiger Weise. Ich denke lange darüber nach, ob es gut ist, ihnen das ausreden zu wollen. Wir wollen diesen Menschen dienen. Aber was dient ihnen?

Im Flughafen selbst sterben jährlich ein paar Dutzend Menschen, andere auf dem Flug. Keiner kennt den Tag oder die Stunde. Immer wieder gestalte ich den Abschied von solchen Menschen. Die Todesursachen sind Überbelastungen, Herzinfarkte, innere Blutungen. Bei einem Passagier platzt während eines Fluges eine Narbe, eine Dame bricht stressbedingt zusammen und verstirbt noch an Bord. Andere kommen am Urlaubsort ums Leben und werden im Sarg in ihre Heimat zurückgeflogen. So ergeht es drei Männern, die zusammen mit ihren Frauen einen Badeurlaub in der Dominikanischen Republik gebucht hatten. Ein letzter Abend wie aus dem Werbeprospekt. Die Frauen bereiteten das Abendessen zu. Die Männer schwimmen noch einmal hinaus, der sinkenden Sonne entgegen. Eine tückische Strömung erfasst sie und zieht sie in die Tiefe. Sie kommen nicht lebendig zurück.

Untröstlich sind ihre drei Frauen in Frankfurt gelandet. Sie sitzen vor uns, aufgelöst in Tränen. Ihr Leben ist zerstört. Lange sitzen wir im Seelsorgeraum, bis wir den schrecklichen Vorfall in Gänze begreifen, weil es den dreien schwerfällt, die Ereignisse in Worte zu fassen. Meine Mitarbeiterin und ich hören schweigend zu, lassen sie unser Mitgefühl spüren. Unser Erahnen ihrer tiefen Not. Unsere Hilflosigkeit, die so groß ist wie ihre. Jede der Frauen hat ihr eigenes Schicksal. Keine weiß im Moment, wie es weitergehen kann. Sie fürchten sich, weiterzufliegen, nach Hause zu kommen, zu den Verwandten. Wir gehen mit ihnen in die Kapelle, beten in Stille. Ich bete um Trost. Dann gehen wir in die Flughafenklinik. In der Prosektur stehen die drei Särge. Ich stelle ein Kreuz auf, zünde zwei Kerzen an. Wir legen die Verstorbenen in die Hände Gottes, ich spreche ein Vaterunser, dann den Segen. Anschließend begleiten wir die drei Frauen zu ihrem Inlandsflug.

*

Im Frachtbereich des Flughafens kommen tagtäglich Särge mit Verstorbenen aus aller Welt an. Sind Angehörige anwesend, um den oder die Verstorbene in Empfang zu nehmen, richten wir einen eigenen Raum mit Kerzen und Blumen her und versuchen, auf würdige Weise die Toten zu ehren. Das hilft den Angehörigen.

Bei Gott ruhen die Toten in Frieden, aber wo finden ihn die Hinterbliebenen? Seit Längerem versuche ich, im Frachtbereich eine Art Totenkapelle einzurichten, wo die Särge nicht einfach abgestellt, sondern bis zum Weiterflug angemessen aufgebahrt werden können. Doch es ist schwierig, eine vernünftige Lösung zu finden. Vielleicht soll es so sein, dass der Tod keinen festen Platz hat, sinniere ich.

Es kommt auch zu Gedenkfeiern in großem Rahmen. Einem schrecklichen Attentat in Ägypten fallen auch 25 Menschen zum Opfer, die in Deutschland leben. Ihre Leichname werden nach Frankfurt geflogen. Wir sind vorbereitet. In einem großen Hangar der Lufthansa wird ein Sarg neben den anderen gestellt und geschmückt. Nach und nach treffen die Angehörigen ein und erfüllen die Halle mit ihrer Trauer. Schlimme Szenen. Einige werfen sich auf den Sarg. Sie wollen nicht wahrhaben, was geschehen ist. Wir beginnen mit der Abschiedsfeier, schlicht und einfühlsam. Der Flughafen scheint hier für eine Weile stillzustehen. Für mich hat das etwas Tröstliches. Wo die Betriebsamkeit ausgesetzt wird, entsteht ein heilsamer Raum. Ich weiß nur nicht, wie ich das in den sich anschließenden Gesprächen mit den Hinterbliebenen weitergeben soll. Die Trauer ist zu tief.

*

Von Zeit zu Zeit erschüttert uns ein Bericht über einen Flugzeugabsturz. Insgesamt ist die Zahl der Flugkatastrophen jedoch zum Glück sehr gering. Im Jahr 2019 starben weltweit 240 Menschen bei Flugunfällen – im Jahr darauf waren, sicherlich bedingt durch den in Pandemiezeiten deutlich reduzierten Flugverkehr, nur 32 Todesopfer zu beklagen. Das Flugzeug ist damit das mit Abstand sicherste Verkehrsmittel. Eine moderne Luftraumüberwachung und die stetig verbesserte Technik der Maschinen gewähren ein hohes Maß an Sicherheit. Flugunglücke sind, wenn sie geschehen, oft auf mangelnde Wartung der Maschinen oder die Nichteinhaltung bestimmter Sicherheitsstandards zurückzuführen – menschliches Versagen ist nicht auszuschließen.

Da jeder Fall in den Medien groß aufgemacht wird, verzerrt sich die Wahrnehmung. Freilich erscheinen auch Meldungen, wenn ein Drama verhütet werden konnte. An einen solchen Fall erinnere ich mich gut. Ein Berufspilot kann den Absturz einer großen Passagiermaschine verhindern. Er rettet 200 Menschen das Leben. Seither hält er Vorträge, in denen er empfiehlt, Probleme und Gefahren sofort wahrzunehmen, aber nicht dabei hängen zu bleiben. Aufmerksamkeit verdienten nur die Chancen und Lösungen. Sonst macht man in einer Krise folgenschwere Fehler, weil man nicht fähig ist, blitzschnell Entscheidungen zu fällen.

Es gibt in der Luftfahrt eine vorbildliche Fehlerkultur. Ich weiß, dass ein Pilot, soweit er nicht grob fahrlässig oder vorsätzlich handelt, keine Strafe zu erwarten hat, sollte ihm ein Missgeschick unterlaufen. Er kann seinen Fehlgriff freimütig zugeben. Diese Regelung ist keine Erfindung der Seelsorge, sondern der Luftfahrt. Das hat mich nachdenklich gemacht. Weil er nicht an den Pranger gestellt wird, ist es für einen Piloten keine gefühlte Schande, zuzugeben, dass er etwas falsch gemacht hat. Er kann sich im geschützten Raum aussprechen, und die Kollegen können aus dem Vorfall lernen. Mit einer solchen Einstellung kämen wir in der Gesellschaft und in der Kirche weit, vor allem in Krisenzeiten.

Die Lufthansa verfügt über eine große medizinische Abteilung mit Fliegerärzten, Psychologen und anderem Personal. Insbesondere die Piloten werden regelmäßig untersucht. Beim geringsten Anhaltspunkt wird die Erlaubnis zum Fliegen entzogen. Aber wer kann ganz in einen Menschen hineinschauen? Sogar Spezialisten stoßen da an Grenzen. Im März 2015 steuerte ein Pilot eine Maschine voller Passagiere bewusst in den Tod. Alle 150 Menschen an Bord starben, darunter 16 junge Menschen und ihre beiden Lehrer aus Haltern, die auf der Rückreise von einem Schüleraustausch waren. Während der Flugkapitän auf der Toilette war, schloss sich der Co-Pilot Andreas Lubitz im Cockpit ein und führte den Absturz der Maschine bewusst herbei. Er hatte die Maschine auf die Maximalgeschwindigkeit von 650 km/h beschleunigt und steuerte sie in ein Bergmassiv in den französischen Alpen. Der Mann war krank, depressiv. Es war ein sogenannter erweiterter Suizid. Dass jemand nicht mehr leben will – das ist schlimm. Aber warum reißt er 149 andere mit in den Tod? Ein Warum, auf das es keine Antwort gibt.

Am Flughafen gibt es ein Kriseninterventionsteam, das regelmäßig für den Notfall trainiert. Auf dem Abfertigungsvorfeld wird ein Flugunfall simuliert, etwa ein Absturz bei der Landung. Mitarbeiter legen sich als Tote und Verletzte kreuz und quer auf den Boden. Ein Alarmmechanismus wird ausgelöst. Hilfskräfte kommen mit Blaulicht von allen Seiten. Die eigene Feuerwehr und die Rettungskräfte unserer Flughafenklinik sind als Erste vor Ort. Immer mehr Helfer treffen ein, bewegen sich rasch und koordiniert. Jeder Handgriff sitzt. Es muss schnell gehen, um Leben zu retten.

Und unsere Aufgabe ist es, als Seelsorger die Angehörigen der Verunglückten zu betreuen.

In Frankfurt gab es bislang zum Glück noch nie einen schweren Flugunfall. Aber ich musste mich mehrfach der nächsten Verwandten von Menschen annehmen, die in anderen Ländern zu Tode gekommen waren und in einem Sarg die Heimreise antraten. Die meisten Angehörigen waren vorher darüber informiert, andere wurden von den Geschehnissen überrascht. Manche warteten in der Ankunftshalle voller Vorfreude darauf, ihre Lieben in die Arme zu schließen. Und es kam keiner.

Ich lasse die Namen der Wartenden über Lautsprecher ausrufen und atme tief durch, bevor ich auf sie zugehe. Die Beine scheinen sich von selbst zu bewegen. Das Herz ist wie abgeschnürt. Es wird mir kalt und heiß zugleich. Dann stehe ich vor ihnen, versuche ihren Blicken standzuhalten, und höre mich auf einmal sagen: »Können wir bitte einen Augenblick in Ruhe miteinander sprechen?« Dass sie aufgerufen wurden, hat die Betroffenen schon unsicher gemacht. Sie ahnen nichts Gutes.

Ich ziehe mich mit ihnen in einen abgeschirmten Raum zurück. Nun hilft keine Routine mehr, wenn ich noch einmal zur Sicherheit frage, wen sie erwarten. Langsam taste ich mich an die bittere Wahrheit heran.

Auf die Fragen: »Ist etwas passiert?« und »Ist es schlimm?«, gibt es nur eine Antwort:

»Ja, es ist etwas passiert – und ja, es ist schlimm.«

Schonend, aber klar sage ich die ganze Wahrheit. Die Polizei ist froh, dass ich für sie diese heikle Aufgabe übernehme. Und ich versuche mein Bestes, um den Menschen in dieser schwierigen Situation so gut es geht zu helfen und etwas Trost zu spenden.

Bombenalarm

Einmal, da wäre dann doch fast eine Katastrophe in Frankfurt eingetreten. Mittwoch, 19. Juni 1985, 14:42 Uhr. Dieser Moment hat sich tief in mein Gedächtnis eingegraben. Es ist für mich der schlimmste Schlag nach dem Krieg. Ich fahre wie jeden Morgen zum Flughafen, es ist wie immer viel los, die Zeit vergeht im Nu. Ich bin am Telefon, spreche mit der Chefärztin unserer Arbeitsmedizin, als es einen erschütternden Knall gibt. Sie sitzt in einem Gebäude am anderen Ende des Flughafens und hört ihn durchs Telefon. Sofort sagt sie zu mir: »Das war eine Bombe im Terminal 1!«, und löst Großalarm aus. Innerhalb weniger Minuten treffen Spezialkräfte am Ort des Geschehens ein und verhindern damit eine größere Panik.

Ich lege den Hörer auf und laufe zum Schauplatz, der gerade abgesperrt wird. Halle B, direkt unter unseren Räumen. An vielen Stellen ist Feuer ausgebrochen. Von der Decke fallen brennende Isolierstoffbällchen, geschmolzenes Dämmmaterial, Teile der Wandverkleidung. Im Fußboden klafft ein Riesenloch. Man kann in die darunterliegende Ebene schauen. Die Explosion hat drei Menschen in den Tod gerissen. Das vierte Opfer, der Pressechef der Flughafen Frankfurt/Main AG, stirbt vor Ort an einem Herzinfarkt. Ich werde durchgelassen und kann bei der Versorgung der Verletzten helfen, meist Portugiesen, die in der Nähe der Tasche saßen, in der ein Attentäter eine Bombe versteckt hatte, die vor wenigen Minuten hochgegangen war. Die Schmerzensschreie Einzelner klingen mir noch heute in den Ohren.

Mit einem massiven Aufgebot von Rettungskräften werden die Brände gelöscht und die Verletzten in die umliegenden Krankenhäuser gebracht. Rundfunk und Fernsehen berichten ausführlich über das Geschehen. Nach einigen Stunden gehe ich zurück in unseren Bereich. Der Schrecken ist allen in die Glieder gefahren.

Da klingelt das Telefon. Ein Bekenneranruf. »Ich bin einer der Täter«, sagt der Mann am anderen Ende der Leitung. Die Folgen des Attentats, wie sie die Medien beschreiben, würden ihn aufwühlen. Er nennt mir Einzelheiten und bittet, die Polizei nicht einzuschalten. Das wäre für ihn extrem gefährlich, wegen seines Mittäters. Natürlich melde ich den Eingang des Anrufes direkt der dafür zuständigen Stelle mit der Bitte um Vorsicht. Der oder die Täter sind bis heute nicht ermittelt.

Mit dem Chefarzt der Flughafenklinik fahre ich in den nächsten Tagen und Wochen in die verschiedenen Krankenhäuser, in die man die Verletzten gebracht hat. Wir wollen den Menschen beistehen und ihnen Mut machen. Es ist gut, über das Geschehen zu sprechen, die Gefühle in Worte zu fassen. Ein junger Flughafenmitarbeiter hat den Anschlag mit einigen Schrammen überlebt, obwohl er nahe am Explosionsort stand. Am ersten Jahrestag kommt er mit einer prächtigen Blumenschale und stellt sie in der Kapelle auf den Altar. Wir sitzen eine Weile schweigend nebeneinander. In die Stille hinein sagt der junge Mann: »Ich musste das ganz einfach tun, aus Dankbarkeit«, und drückt mir dabei die Hand. Im Jahr darauf kehrt er wieder, und auch in den Folgejahren.

›Te Deum‹ – der jahrhundertealte Dank- und Lobgesang, kommt mir in den Sinn. Gott ist kein Gott roher Gewalt, sinnloser Zerstörung. Er hat den Menschen einen freien Willen geschenkt. Der Preis dafür ist, dass immer wieder furchtbare Dinge geschehen. Dass wir einander verletzen, uns verstümmeln und töten. Aber Gott will uns in unserer Not beistehen. Menschen klammern sich an diese Zusage

Gottes, sind dankbar dafür. Der junge Überlebende, der eben die Flughafenkapelle verlassen hat, hatte guten Grund, Gott Danke zu sagen. Und er hat es getan. Das ist wichtig.

Der Krieg hat tiefe Spuren hinterlassen. Viele Generationen haben darunter gelitten. Und manche leiden immer noch. Nicht nur die direkt Betroffenen, sondern auch ihre Kinder und Enkel. Denn die seelischen Verwundungen heilen nur langsam. Man schätzt, dass bis zu 80 Millionen Menschen durch den Zweiten Weltkrieg und dessen direkte Folgen ihr Leben verloren haben. Deutschland hat mit dem Überfall auf Polen und den folgenden Angriffen auf viele europäische Länder und Russland ein unglaubliches Leid ausgelöst. Luftangriffe waren Teil der deutschen Kriegstaktik. In den ersten Wochen des Krieges wurden beispielsweise zehn Prozent der Gebäude in Warschau durch Bomben zerstört, die deutsche Kriegsflugzeuge über der Stadt abwarfen. Die Niederlande kapitulierten nach vier Tagen, nachdem deutsche Bomber die Innenstadt von Rotterdam in Schutt und Asche gelegt hatten. 800 Menschen starben bei diesem Angriff, 80 000 Menschen wurden obdachlos.

In London wurden mehr als 20 000 Menschen durch Luftangriffe der Deutschen getötet. Die Aufzählung der Gräueltaten füllt eigene Bücher. Dass Gegenschläge nicht ausblieben, war absehbar. Ab 1940 begannen Flugzeuge der Royal Airforce, deutsche Städte zu bombardieren. In Köln wurden in der Nacht vom 30. auf den 31. Mai 1942 über 3300 Häuser vollständig zerstört. Es war der erste Angriff, der mit über 1000 Bombern geflogen wurde. Weitere sollten folgen. Bei einem gemeinsamen Luftangriff der englischen und amerikanischen Streitkräfte am 27. und 28. Juli 1943 starben 30 000 Einwohner Hamburgs, viele davon in einem durch die Bomben ausgelösten Feuersturm.

Lange bleiben wir in der alten Domstadt am Main vor Luftangriffen der alliierten Streitkräfte verschont. Dass Würzburg nicht bombardiert wird, davon sind wir alle überzeugt. Es gibt keinerlei Rüstungsindustrie, aber eine hohe Dichte von Krankenhäusern, die mit vielen Verwundeten belegt sind. Auf viele Dächer sind riesige Rot-Kreuz-Zeichen gemalt, es wirkt so, als sei die Stadt ein einziges Lazarett. Darauf stützt sich unsere Hoffnung, verschont zu werden.

Am Abend des 16. März 1945 wird Fliegeralarm ausgelöst. Die Sirenen heulen auf, im Rundfunk wird gemeldet: schwere Bomberverbände im Anflug auf Würzburg. Wir nehmen das nicht richtig ernst, wie oft gab es Luftalarm, ohne dass eine einzige Bombe fiel. Und dann geht alles recht schnell. Diesmal sind wir dran. Die Vorhut der 230 englischen Bomber setzt »Christbäume« ab, wie wir die Leuchtkörper nennen, die am Himmel schweben. Die Nacht wird taghell. Die Bomber fliegen über die ausgeleuchteten Bereiche. Nun heißt es: Rette sich, wer kann. Um 21:17 Uhr beginnt der Abwurf von 392 Tonnen Sprengbomben und 578 Tonnen Brandbomben über der Stadt. Um 21:42 Uhr drehen die Verbände wieder ab, Richtung Heimatflughafen. Würzburg ist eine brennende Fackel. Die Luftminen verhindern, dass die Brände gelöscht werden können. In einer Nacht sterben Tausende. Viele springen in den Main, um sich zu retten.

Wir finden die Tante und den Onkel unserer Mutter im Keller ihres Hauses in der Innenstadt. Sie sind verbrannt, sehen aus wie Mumien. Unser Vater, mit dem letzten Aufgebot als Sanitäter zur Wehrmacht eingezogen und verwundet, erlebt den Angriff in einem Würzburger Lazarett. Das Krankenhaus wird schwer getroffen. Aber er überlebt.

Unser Haus bleibt in dieser Nacht verschont. Tage später folgt ein zweiter Angriff, der zerstört, was beim ersten übrig blieb. Da sind die amerikanischen Truppen schon fast in Hörweite. Unser Wohnhaus brennt nieder. Wir sind bereits evakuiert und können nichts retten. Aber wir leben, leben weiter.

Widerstand

Was lange gärt, entlädt sich irgendwann. Im Nachhinein betrachtet, waren viele Proteste in den späten Sechzigerjahren unumgänglich, allzu viel wurde vorher unter der Decke gehalten, durch das Erbe der Kriegsgeneration, alte Seilschaften, die wirkliche Neuanfänge nach dem Krieg blockiert hatten, überkommene Traditionen und lange Zeit unreflektierte Gewohnheiten. Anderes, was aus meiner Sicht gut und weiterhin wichtig war, wurde im Eifer ebenfalls vom Sockel gestoßen – was bedauerlich ist.

In den Jahren nach 1968 kommt es im Terminal wiederholt zu Sitzblockaden. Sie richten sich mal gegen dieses, mal gegen jenes. Immer häufiger muss ich beim Verlassen unserer Räume über den einen oder anderen Demonstranten, öfter über bekannte Kommunarden oder Spontis steigen. Noch Unangenehmeres erwartet mich in Frankfurt. Ich nehme an der Verleihung eines Umwelt-Preises im Römer teil. Als die Feier vorüber ist, zieht laut schreiend eine Demonstration vorbei. Wir, einige schick gekleidete Damen und Herren, warten auf der Rathaustreppe, bis der Zug vorüber ist. Da schert ein Demonstrant aus und wirft einen Farbbeutel auf uns. Ich werde voll getroffen. Mein einziger guter schwarzer Anzug ist kalkartig weiß. Die anderen bekommen Spritzer ab und sehen gescheckt aus. Ich versuche, die Farbe abzuwischen. Dadurch wirke ich noch bizarrer. Das gute Stück ist ruiniert. Und es hilft nichts, ich muss so in die S-Bahn steigen, um nach Hause zu fahren. Ich fühle mich recht unwohl. Die Umstehenden mustern mich irritiert. Keiner fragt, was mir widerfahren ist. Ich denke, sie ahnen es.

Ein andermal bin ich beim Hauptbahnhof unterwegs. Wieder nähert sich ein lautstarker Demonstrationszug, augenscheinlich mit hohem Konfrontationspotenzial. Wofür oder wogegen protestiert wird, ist mir unklar. Die Umzüge sind zu häufig, ich verliere die Übersicht. Die Polizei fährt voraus und fordert die Passanten auf, die Straße zu räumen. Ich flüchte in ein Schuhgeschäft, der Besitzer nimmt mich und zwei andere mit ins Obergeschoss, weil er sich nicht sicher ist, wie sich die Lage entwickeln wird. Vom angelehnten Fenster im ersten Stock beobachte ich das Geschehen. Um die Schaufenster zu schützen, hat die Polizei links und rechts der Straße auf dem Gehweg zahlreiche Beamte aufgestellt. Ich sehe, wie eine junge Demonstrantin einem Bereitschaftspolizisten ins Gesicht spuckt. »Du Polizistenschwein«, schreit sie ihn an. Der junge Mann bleibt ganz ruhig und wischt die Spucke ab. Ich kann ihn nur bewundern.

Bei anderen Begebenheiten eskaliert die Situation. Wasserwerfer, Schlagstockeinsätze und Gerangel sind leider allzu häufig die Begleiterscheinungen solcher Protestaktionen, weil bewusst provoziert und teilweise von den mangelhaft vorbereiteten Sicherheitskräften unverhältnismäßig aggressiv reagiert wird.

Die langjährigen Proteste gegen den Bau und Betrieb der »Startbahn 18 West« auf dem Frankfurter Flughafen kommen erst zur Ruhe, als jemand bei einer Aktion am 2. November 1987 mit einer gestohlenen Polizeiwaffe scharf auf Polizisten schießt. Neun Beamte werden verwundet, zwei sterben.

Den Schüssen vorausgegangen war eine heftige Eskalation der Lage: Die Demonstranten hatten aus Autoreifen, die sie mit Ketten und Montiereisen im Boden verankerten, Strohballen und dazwischen gesteckten Gaskartuschen Barrikaden errichtet und in Brand gesteckt. Polizisten wurden mit Molotowcocktails und Steinen beworfen und von Stahlkugeln getroffen, die mit Zwillen abgeschossen wurden. Auf den umliegenden Feldern und Wegen brannten Heuballen und weitere Barrikaden aus Ästen und abgeschlagenen Bäumen. Die Schüsse mit der Pistole waren die ersten und bislang einzigen tödlichen Angriffe auf Polizeibeamte in der Geschichte der Bundesrepublik Deutschland während einer Demonstration.

Viele Polizisten, die zum Schutz des Geländes aus ganz Deutschland angefordert werden, suchen uns in ihren Dienstpausen auf. Sie haben ihre Sorgen. Die ganze Situation ist extrem belastend. Wir hören jedem ruhig zu, versuchen, jeden mit seinen speziellen Fragen und Problemen zu verstehen und zu ermutigen. Es sind gute, intensive Gespräche. Manchen Einsatzkräften bleiben wir lange Zeit freundschaftlich verbunden.

Zur Einweihungsfeier der Startbahn kommen viele Gäste, darunter zahlreiche Journalisten aus Fernsehen, Funk und Presse. Wer will, bekommt zur Erinnerung einen Bohrkern aus dem Beton der Piste. Auf dem Rückweg ins Terminal gehe ich neben einem Journalisten, der heftig gegen den Bau angeschrieben hat. Der hat gar keinen Bohrkern, fällt mir auf, und ich frage ihn nach dem Grund. »Wissen Sie«, meint er, »es gibt Leute, die haben ein Brett vor dem Kopf. Es gibt aber auch solche, bei denen ein Holzbrett nicht ausreicht – da muss es schon Beton sein.« »Trösten Sie sich mit dem Gedanken, dass es Holzarten gibt, die ein längeres Haltbarkeitsdatum haben als Beton«, gebe ich zurück. Ich bin nicht sicher, ob diese Art von Humor für ihn bekömmlich war.

Himmelfahrtskommando

Mit Widerstand habe ich eigene Erfahrungen. Nachdem das Konkordat mit Rom im Sommer 1933 unterzeichnet ist, verbieten die Nazis bald die organisierte katholische Jugend – ebenso wie die evangelischen Verbände und die Organisationen der freien deutschen Jugendbewegung. Es zeigt sich, dass das Konkordat, ein Abkommen, das lange zwischen dem Vatikan und dem NS-Staat verhandelt wurde, letztlich nur dazu diente, die gegen das Regime eingestellte katholische Bevölkerung vorübergehend zu beschwichtigen. Die verbotenen Gruppen gehen in den Untergrund. Mein späterer Schwager gehört in Berlin zu einer solchen Krypta-Gruppe. Wenn sie am Wochenende wandern, sprechen sie ihren jungen Kaplan mit Herr Doktor an, um sich nicht zu verraten. Keiner darf sich verplappern. Das ist nicht so einfach, aber sie schaffen es. Auch wir haben in Würzburg einen jungen Kaplan, der viele junge Leute begeistert. Er spielt mit uns Fußball, fährt mit uns ins Grüne. Die Nazis lauern, ob er einen Fehler macht. Und er macht ihn. In einer Predigt greift er das Unrecht, dass die Deutschen einen Krieg vom Zaun gebrochen haben, an. Binnen weniger Wochen hat er seinen Einberufungsbefehl zur Wehrmacht. Kaum ausgebildet, muss er an die Front. Kurz darauf kommt die Nachricht, dass er im »Kampf für Führer, Volk und Vaterland den Heldentod« gestorben ist. So die offizielle Sprachregelung. ›Himmelfahrtskommando‹, raunen wir uns zu und sind ohnmächtig, wütend, in tiefer Trauer um einen aufrechten Menschen.

In einer Diktatur muss man sich entscheiden. Wage ich es zu widersprechen oder nicht? Die meisten entscheiden sich für den inneren Widerstand. Die Gedanken sind frei, trösten sie sich. Im Herzen sind viele keine Nazis. Aber sie halten sich, was die eigene Meinung angeht, bedeckt, um sich nicht in Gefahr zu bringen. Mitläufer nennt man sie später. Wer seine Stimme gegen den NS-Staat erhebt, muss mit Repressalien rechnen. Mit Problemen an der Schule, im Studium, im Beruf. Oder damit, verhaftet zu werden. Andere schickt man, wie den jungen Kaplan, an die Front. Der Krieg ist ein Druckmittel. Keiner will in die erste Reihe. Es steht viel auf dem Spiel: das eigene Leben. Man muss jedenfalls bei allem, was man tut, sehr vorsichtig sein, um sich nicht in die Schusslinie staatlicher Zwangsmaßnahmen zu bringen. In Gedanken kann man sagen: So ein Quatsch. Wirklich wehren kann man sich gegen die staatlichen Vorgaben kaum. Hinzu kommt, dass diejenigen, die sich einbringen und mitmachen, durchaus einiges geboten bekommen: Ältere Jahrgänge wurden damals damit geködert, in der Hitlerjugend den Segelflugschein machen zu können. So lassen sich Leute missbrauchen, die vom Fliegen träumen. Ich war noch zu jung, um dabei zu sein. Und meine Eltern wären auch dagegen gewesen. Aber die Freiheit ist ausgelöscht. Selbst in der eigenen Wohnung. Das ist bitter.

Unsere Eltern wissen, dass wir Kinder in der Schule ausgefragt werden. In der Schule erkundigt sich der Lehrer in der ersten Stunde, ob wir in letzter Zeit Radio gehört haben und wie uns die Sendungen gefielen. Ich antworte: Unser Radio ist kaputt, wir haben keinen brauchbaren Empfang. In Wirklichkeit steigt unser Vater abends auf einen Stuhl, als wolle er das Radio auf der Wandkonsole reparieren, und hält sein Ohr dicht an die Bespannung vor dem Lautsprecher des »Volksempfängers«. Er dreht am Knopf, bis er den englischen Sender BBC gefunden hat. Der bringt Nachrichten in deutscher Sprache. Da erfährt man, was los ist. Danach stellt er ihn auf den Reichssender zurück und schaltet ab.

Eineinhalb Jahre vor Kriegsende ist die Hitlerjugend wie sonntags üblich in Reih und Glied vor der Kirche angetreten. Anstelle des üblichen Appells befiehlt der Anführer vor den Reihen: Abmarsch in die Stadt! Wir ziehen mit Trommeln, Pfeifen und lautem Gesang zum größten Saal in Würzburg. Er ist bereits voller junger Leute. Wir sind die Letzten, die eintreffen, denn wir haben den weitesten Weg. Die Veranstaltung beginnt. Es werden die verschiedenen Waffengattungen vorgestellt. Hochdekorierte Soldaten stehen für Fragen zur Verfügung. Ein mehrfach verwundeter Ritterkreuzträger hält eine Ansprache über die große Ehre, kämpfen zu dürfen – für Führer, Volk und Vaterland. Ich kann diese Sätze fast auswendig mitsprechen, so oft habe ich sie schon an anderen Stellen gehört – im Radio, wenn die Durchhalteparolen wiederholt werden. Der Offizier, der zu uns spricht, tut so, als gelte es nur noch, den Endsieg einzufahren. Uns schwant nichts Gutes. Mit Recht.

Ein Parteibonze tritt auf und verkündet, dass die versammelte Hitlerjugend bereit ist, sich dem Führer gegenüber dankbar zu zeigen und sich deshalb nun freiwillig zu den verschiedenen Waffengattungen zu melden. Uns fragt keiner. Wer in eine der Listen eingetragen ist, darf nach Hause gehen. Das ist der Trick. Zunächst stehen viele vor den Tischen. Dann werden es weniger. Schließlich stehen noch einige Unentschlossene herum, die zu keiner der Gattungen wollen. Ich bin unter ihnen. Inzwischen ist es Viertel vor eins. Ein Funktionär herrscht uns an: Beeilt euch, um eins ist Schluss, und wer sich bis dahin nicht freiwillig gemeldet hat, den trage ich in die Liste der Waffen-SS ein. Nun stehen wir da. Eine Entscheidung muss her. Ich bespreche mich mit meinen Freunden, dann melden wir uns zur Luftwaffe. Wir sind 15 Jahre alt.

Einige Zeit später zieht meine Mutter Post vom Wehrbezirkskommando aus dem Briefkasten. Eine Vorladung zur

Musterung. Es gibt keinen Ausweg, ich gehe hin. Einige Offiziere, die beim Luftkampf abgeschossen und verwundet wurden, stehen im Vorzimmer herum. Sie werden mit uns für eine mögliche Weiterverwendung untersucht. Die Prüfung beginnt zunächst mit der Nachtflugtauglichkeit. Andere Übungen folgen. Am Ende werden die Ergebnisse eingesammelt und bewertet. Wir Jungen schneiden weitaus besser ab als die kampferprobten Offiziere. Die sehen halb spöttisch, halb mitleidig zu uns herüber. Wir haben das Spiel nicht durchschaut und ehrlich mitgemacht. Sie wissen, wie es läuft, und haben schlechte Ergebnisse abgeliefert. Sie wollen nicht mehr an die Front. Wir genauso wenig, aber betrügen wollten wir auch nicht. Am Ende sind wir alle tauglich, die älteren Offiziere durchgefallen. Der Widerstand hat viele Gesichter.

Ich komme zur Luftabwehr. Aber an der Kanone werden wir mangels Munition bald nicht mehr gebraucht. Wir haben einen Feldwebel in der Einheit, von dem es hinter vorgehaltener Hand heißt, er sei Kommunist. Er soll uns für den Nahkampf an alten tschechischen Maschinengewehren ausbilden, die die Wehrmacht erbeutet hat. Als kleines Häuflein ziehen wir ins Gelände. Weit draußen bauen wir die Gewehre auf – und legen uns ins Gras. Geübt wird jedoch kaum. Der Feldwebel meint: Das lohnt sich nicht mehr. Wir haben nichts dagegen. Der Mann erzählt von russischen Kommunisten, die er kennt und schätzt und als unsere Befreier erwartet. Er freut sich auf diese Zeit. Wir freuen uns auch, fragen uns aber doch, wie uns die Russen wohl behandeln werden. Zum Schluss bittet er uns, mit niemandem über all das Gesagte zu sprechen. Wir halten uns daran, denn es geht ums Ganze. Auf Wehrkraftzersetzung steht die Todesstrafe.

Am 20. Juli 1944 trauen wir unseren Ohren nicht. Im Radio wird von einem Attentat gesprochen. Erst heißt es: Der

Führer ist tot. In der Stube der Mannschaftsunterkunft, in der wir zusammensitzen, bricht Jubel los: Nun ist der Krieg vorbei! Wir können nach Hause. Im Nu sind die Bilder des großen Vernichters abgehängt. Wir denken alle: Es ist geschafft! Mitten in die Begeisterung platzt die Nachricht: Abwarten, es ist noch nicht ganz klar. Und dann die Hiobsbotschaft: Die »göttliche Vorsehung« hat den Tyrannen wiederum beschützt. Welcher Hohn. Die Nazipropaganda schreckt vor nichts zurück. Selbst der Herrgott muss herhalten.

Wir sind jetzt in einer heiklen Lage. Der Feldwebel tat sich bei der Freude über den Tod seines Erzfeindes besonders hervor. Zum Glück haben wir einen Batteriechef, der uns alle deckt. Die Bilder werden still wieder aufgehängt und alles wie vorher hergerichtet. Der Fehlschlag trifft mich wie ein Hammer. Das bittere Ende lässt weiter auf sich warten. Jeder weitere Tag macht alles schlimmer. Wie ich fühlen fast alle in meinem Umfeld.

Mein Onkel arbeitet bei der Generalbetriebsleitung Süd der Reichsbahn in München. Er erzählt mir später, dass es bei ihnen in der Verwaltung ähnlich zuging. Als die Meldung kommt, dass der »Führer« tot ist, sagt der Chef: Abräumen. Sie werfen die Hitlerbilder auf den Boden und feiern. Als später verkündet wird, dass das Attentat fehlgeschlagen ist, kehrt Ernüchterung ein. Zum Glück deckt auch ihr Chef sie. Sein Vorgesetzter ist, wie er bald erfährt, der Bruder eines Jesuitenpaters, der dem deutschen Widerstand verbunden ist. Deshalb weiß er etwas mehr als die anderen. Nur ein ganz enger Kreis ist eingeweiht. Mein Onkel gehört dazu. Die Gruppe schickt ihn in die NSDAP. Er soll herausfinden, was dort gedacht und geplant wird. Als der Krieg vorüber ist, gilt er als Parteimitglied, hatte man ihn doch mit dem Parteiabzeichen am Revers gesehen. Er kann, gottlob, seine eigentliche Rolle im Spiel nachweisen.

Mir steckt das Unwesen der Nazis bis heute in den Knochen. Ich habe den Absturz eines ganzen Landes hautnah miterlebt. Wie eine beschädigte Maschine, die keiner mehr lenken kann. Es reißt sich und andere in die Tiefe. Dazu lässt sich auch die Luftfahrt missbrauchen: Hitler weckte in der Weimarer Republik durch gesponserte Flüge bei Wahlkampagnen den Eindruck, allgegenwärtig zu sein. Diesen Fortschritt hatten die anderen Politiker verschlafen. Bald hatte er eine Luftwaffe in der Hand. Als die verloren war und nichts mehr half, wollte er aus einem Erdloch, dem »Führerbunker« heraus, junge Männer verführen, sich mit einer bombenbeladenen Maschine auf feindliche Schiffe zu stürzen. Im Vergleich dazu bin ich als Flakhelfer noch gut weggekommen.

Viel später lese ich von einer jungen Frau, acht Jahre älter als ich, die wegen ihres Widerstands gegen das Naziregime hingerichtet wurde, Cato Bontjes van Beek. Sie kann kaum glauben, dass ihr das passieren könnte, weil sie das Leben so arg liebt, wie sie sagt: »Ich will doch nur eines sein, ein Mensch.« Sie hat viele Begabungen und träumt von der Fliegerei. Als Heranwachsende nimmt sie ein Pilot auf einen Privatflug mit. Ein Erlebnis, das sie begeistert beschreibt: »Ich steige auf, er macht mit dem Flieger einen Korkenzieher, ich bin hin und weg, und dann fragt er mich, ob ich noch einen Wunsch hätte. Ja, einen Looping, bitte, und schon zieht er die Maschine nach oben, und gleich darauf steht die Welt kopf, ist die Landschaft für Sekunden über uns. Das Schweben in den Lüften ist ein göttliches Gefühl, es verlässt mich nicht mehr.«

Während der letzten Monate in der Haft liest sie viel in der Bibel. Das geistige Fundament ermöglicht ihr, aufrecht, ungebrochen und sicher bis zuletzt zu bleiben.

Fliegen

Lange nach dem Krieg setze ich mich in einen Flieger. Mich beschleicht keine Flugangst. Ein besonders unbeschwertes Gefühl habe ich beim Einsteigen dennoch nicht. Ich sitze auf meinem Platz und denke: Hoffentlich geht es gut.

Ist man in der Luft, fängt es an, Spaß zu machen. Ich schaue durch das Bullauge, sehe die Städte und Dörfer, die Wälder, Wiesen und die Felder unter mir oder, in der Nacht, die vielen Lichter, wo Menschen wohnen. Kein Start ohne pantomimische Sicherheitseinweisung, das sogenannte Sicherheitsballett, wo auch bei einem Inlandsflug schon mal die Schwimmwesten erklärt werden. Ich würde bei meinem Dienst manchmal am liebsten Westen für die inwendige Sicherheit verteilen.

In der Seelsorge ist es wie beim Fliegen. Der Start gehört neben der Landung zum schwierigsten Teil. Wer aufgibt, bevor er in Schwung kommt, erlebt niemals, dass er getragen wird. Wir hatten einen schweren Anfang auf dem Frankfurter Flughafen, gewannen an Höhe, und nun es ist an uns, umsichtig zu fliegen und uns darauf zu verstehen, immer wieder den Grund unter die Füße zu bekommen, Boden unter die Räder, wie die großen und kleineren Maschinen, die den Flughafen in Bewegung halten.

In der Seelsorge geht es um eine innere Bewegung. Auch da darf es an Auftrieb, Besonnenheit und Erdung nicht fehlen. Zeilen aus dem Buch des alttestamentlichen Propheten Jesaja kommen mir in den Sinn: »Die auf Gott vertrauen, schöpfen neue Kraft. Sie bekommen Flügel wie Adler.« Darauf vertraue ich. Ein Gott, der Menschen auf Adlerflügeln fliegen lässt, bewahrt sie vor Abhängigkeit.

Viele Erdenbürger haben im Luftraum Schuld auf sich geladen, von den Doppeldeckern aus Gera, die im Ersten Weltkrieg Bomben über London abwarfen, bis zu dem Terrorflug in die New Yorker Zwillingstürme. Das kann nicht auslöschen, dass das Glück am Himmel zu finden ist, erhebend und auch ganz banal. Es gibt zu essen, es gibt zu trinken auf einem Flug, die Stewards und Stewardessen lächeln gekonnt, der Flugkapitän meldet sich mit sonorer Stimme. Wenn es flugtechnisch läuft und die Maschine dahingleitet, fühle ich mich federleicht. Auf langen Strecken wird ein Spielfilm gezeigt, in dem garantiert kein in Not geratenes Flugzeug vorkommt. Die Flugzeit verstreicht. Der Landeanflug beginnt, und dann ist man wieder am Boden. Es ist gut gegangen.

Mit der Zeit wird das Fliegen zu einer gewissen Routine. Die Neugierde geht zur Neige, das Unterwegssein wird zur Last. Auf einem Rückflug von Australien sitzt ein netter Herr neben mir. Wir kommen ins Gespräch. Er erzählt mir, dass er oft zwischen Fernost und Deutschland unterwegs ist, geschäftlich. »Ich bin mehr im Ausland als zu Hause, darunter leide ich jeden Tag mehr. Ich bin jung verheiratet, wir sind jetzt schon zu dritt. Ich liebe meine Frau und mein Kind sehr, kann mit den beiden aber viel zu wenig zusammen sein.« Ich frage ihn, ob er denn keine andere Stelle findet. »Bei meiner beruflichen Spezialisierung gibt es leider nur wenige Arbeitsmöglichkeiten«, klärt er mich auf, »und alle sind mit ständigem Unterwegssein verbunden.«

Was bleibt da vom Traum zu fliegen, denke ich bei mir. Ich bin auch viel unterwegs, wenn auch meist auf dem Flughafen. Wer wartet auf mich, wer kommt da zu kurz? Ich lasse die Frage stehen. Braucht ein Seelsorger Antworten für sich selbst?

Flughafenpfarrer sind seltsame Vögel. Es gibt ein paar andere weiße Raben meiner Art, Exoten auch innerhalb der

Kirche, wie der katholische Stadtdekan von Frankfurt einmal zu mir sagt. Wir sind zusammengeschlossen in der ›Civil Aviation Chaplains Conference‹, später der ›International Association of Civil Aviation Chaplains‹.

Die erste Konferenz, an der ich teilnehme, findet in London statt. Wir konferieren in Windsor Castle. Die Königin ist außer Haus, so können wir dort zu Gast sein und in der Hauskapelle Gottesdienst feiern. Es kommen auch die amerikanischen Chaplains dazu.

Mit der Lufthansa fliege ich nach Heathrow. Ich stehe an der Bushaltestelle vor dem Flughafen und lasse mein erstes Flugerlebnis nachklingen. Ein Amerikaner kommt auf mich zu: »Ay, are you our man from Frankfurt?« Ich bejahe das. Da schlägt er die Hacken zusammen, begrüßt mich zackig mit ›Heil Hitler‹ und hebt entsprechend den Arm. Alle Blicke richten sich auf uns. Ich bin völlig geschockt. Für den katholischen Kollegen aus Chicago ist das ein Scherz. Mir ist es mehr als peinlich. Er lädt mich später in die Staaten ein. Trotz des schrägen Auftakts werden wir allmählich gute Freunde.

Die Jahreskonferenzen sind ökumenisch ausgerichtet. Ursprünglich ein Freundeskreis, eine verschworene Gemeinschaft, wird die Organisation zu einer in der zivilen Luftfahrt ernst genommenen Größe. Überraschend werde ich zum Generalsekretär gewählt und bleibe es zwanzig Jahre lang. Wir vervierfachen unsere Teilnehmerzahl, kommen nun aus fünfzig Ländern, sind längst eine »interfaith«, eine interreligiöse Gemeinschaft, der auch Rabbiner und Imame angehören. Die Tätigkeit führt mich mehrfach auf alle Kontinente. Aber ich will nicht wie mein Sitznachbar, der viel fliegende Geschäftsmann, enden. Ich bleibe so viel wie möglich am Boden, und zwar in Rhein-Main. Da sehe ich meine hauptsächliche Aufgabe und spüre meine Verantwortung. IACAC-Ehrenmitglied auf Lebenszeit werde ich trotzdem. Wahrscheinlich, weil ich als nüchterner Unterfranke stets auf dem Boden geblieben bin.

Flugabwehr

Ein Jahr vor Kriegsende wird der Boden selbst in Franken heiß. Ich lande bei der sogenannten Heimatflak. Auf einem Acker bei Schweinfurt finde ich Baracken und Kriegsgerät vor – die sogenannte Flakbatterie. Wir, fünfzehn, sechzehn Jahre alt, stoßen zu einer Gruppe älterer Soldaten und einer Schar achtzehnjähriger Mädchen. Die sind in einer eigenen Baracke untergebracht, die wir nicht betreten dürfen. Nur Vorgesetzte haben Zutritt. Es geht streng zu. Die Strafen sind hart, etwa nachts barfuß zehn Runden Dauerlauf im Schnee. Auch zwanzig russische Kriegsgefangene gehören zur Abteilung. Sie leben abgeschottet und werden streng bewacht. Das ist unsere Einheit.

Ich werde am Funkmessgerät ausgebildet. Ein Radargerät, das dazu dient, die feindlichen Flieger zu orten. Daran arbeiten sechs Leute, die im militärischen Jargon schlicht durchnummeriert werden – von B1 bis B6, damit im Notfall nicht lange überlegt werden muss, wie der Soldat rechts oder links heißt. Abkürzungen als Bezeichnungen für Menschen, das gefällt mir nicht. Ich mag es auch heute nicht.

Einen B3, der die Entfernung zum Zielobjekt zu messen hat, gibt es gerade nicht. Also werde ich an den Platz gestellt, was verboten ist. Der B2 hat den für die Geschütze notwendigen Seitenwinkel zu finden, der B1 misst den Höhenwinkel. So lässt sich ein feindlicher Bomberverband erfassen. Ein einzelner Flieger ist schwerer zu orten. Das Gerät hat einen Parabolspiegel mit einer konischen Dipol-Säule, die Funksignale ins All schickt. Wenn die auf einen metallenen Gegenstand treffen, werden sie reflektiert. Der Parabolspiegel fängt die Signale auf, und wir beginnen mit unserer Arbeit. Mithilfe spezieller Geräte werden die für die Geschütze notwendigen Daten errechnet. Vorhalte unter anderem, denn während wir messen, fliegen die Maschinen ja weiter.

Die andere Seite versucht, solche Ortungen natürlich massiv zu stören, durch entsprechende Funkfrequenzen oder das Abwerfen von großen Mengen Stanniolstreifen, die das Gerät irritieren. Macht einer von uns sechs am FU-EM-G, so die Abkürzung, einen kleinen Fehler, explodieren zwölf Granaten irgendwo in der Luft, ohne dem Feind zu schaden. Denn nach unseren Messdaten richtet sich eine Doppelbatterie von zwölf 8,8-Geschützen. Die gemessenen Werte werden elektronisch und fernmündlich weitergegeben. Das »Fernmündliche« ist Sache der Mädchen, die mit an den Geräten stehen. Die Geschütze sind wirksam bis zu einer Höhe von acht bis zwölf Kilometern. Wenn alles stimmt, gibt es einen Treffer.

Jede Nacht gibt es Alarm. Nichts wie raus aus den Betten und Baracken. Dann suchen wir mit mächtigen Scheinwerfern, deren Lichtbündel weit reichen, den Himmel ab. Eines Morgens heißt es: Abmarsch zum Impfen. Wir müssen acht Kilometer nach Schweinfurt marschieren. Dort bekommt jeder von uns eine Reihe Impfungen auf einmal verabreicht. Da viele das nicht verkraften, fällt die »Batterie« erst einmal aus. Dennoch wird von unserem Vorgesetzten an die verantwortlichen Leitstellen durchgegeben, dass wir feuerbereit sind. Ein Obergefreiter, körperlich leicht behindert und nur in der Heimat einsetzbar, ein an der Ostfront verwundeter und inzwischen wieder leidlich genesener Gefreiter und ich, dazu drei junge Frauen – das ist die Mannschaft, die mithilfe des Funkmessgerätes helfen soll, den Feind weiter abzuwehren.

Doch dann tauchen auf einmal Lastwagen auf. »Wir kommen von der Marine in Kiel«, sagen die Kameraden. »Wir sollen bei euch Munition abholen, die haben in Kiel keinen Schuss mehr.« Also aufladen. Befehl ist Befehl. Uns bleiben für jedes Geschütz noch 100 Granaten für den bevorstehenden Kampf am Boden. Uns ist klar, dass der Krieg nur noch verloren gehen kann. Die Front verläuft längst in der Heimat, und da gibt es, abgesehen von denjenigen, denen es gelingt, sich vom Kriegsgeschehen fernzuhalten (z. B. Parteibonzen), nur noch Kriegsversehrte, Verwundete, körperlich oder geistig Beeinträchtigte, Frauen, Kinder oder alte Leute. Mir bleibt die Feuerprobe des Endkampfes am Boden erspart. Man schickt uns nach Hause. Ohne Munition gibt es auch keine Luftabwehr mehr. Ich gehe nach Würzburg, um mich für eine weitere Verwendung bereitzuhalten, und arbeite in meiner alten Firma.

Gott kommt an

Eine Feuerprobe anderer Art erlebe ich Jahrzehnte später. Der erste Flug einer neuen Boeing 747, einem Jumbo der Deutschen Lufthansa, wird aus Sicherheitsgründen mit wenigen Menschen an Bord als ein Erprobungsflug, ohne zahlende Passagiere, durchgeführt. An Bord sind nur Vorstandsmitglieder der DLH, Ingenieure, Mechaniker – und ich. Über dem Himalaja kommen wir in starke Turbulenzen. Das schwere Flugzeug wird wie ein Ball hin und her, auf und ab geworfen. Um Sturmschäden zu vermeiden, wird der Autopilot ausgeschaltet und von Hand gesteuert.

Der Chef-Pilot der Lufthansa ist an Bord. Er setzt sich ins Cockpit und bringt uns sicher durch die gefährlichen Wirbel. Wir werden dennoch kräftig hin und her geworfen. Es schließt sich nicht aus, denke ich, als ich wieder ruhiger atmen kann: auf Gottes Hilfe vertrauen – aber auch, wie der Chef-Pilot, das Mögliche tun.

Es gibt Momente, in denen nicht nur Einzelne, sondern unerwartet viele auf einem Flug zu beten beginnen, selbst nicht sonderlich gläubige Menschen. Schaut man zum Fenster hinaus, sieht man 12 000 bis 15 000 Meter Luft unter sich, keinen sicheren Boden.

Auch der Pilot kann, wenn er darauf kommt, Gott um Hilfe anrufen. Das ersetzt freilich nicht seine Fertigkeit, die Maschine zu steuern. Schon gar nicht darf er die Passagiere zum Gebet auffordern, wenn er eine Panik vermeiden will.

*

Lufthansa
FOLLOW ME

Ich schlafe während eines Rückflugs von Australien im Flieger ein und schrecke plötzlich hoch. Durch das Bullauge neben mir sehe ich eine Grasfläche. Sogleich schießt mir der Gedanke in den Kopf: Jetzt ist Schluss. Für Momente bin ich wie gelähmt. Dann bin ich vollends wach und sehe, dass das Flugzeug zur planmäßigen Zwischenlandung weich in New Delhi aufsetzt. Meine Erleichterung lässt sich kaum beschreiben. Ich erinnere mich deutlich an das große Dankgebet, das ich damals zum Himmel schickte. Ich bin überzeugt: Wer mit Gottvertrauen fliegt, ist in besten Händen. Gott begleitet seine Schöpfung durch die Zeit. Man kann ihm in seinem Schöpfungswerk begegnen, im Wort der Heiligen Schrift und in den Sakramenten. Insbesondere ist er in der heiligen Eucharistie zugegen, und die lässt sich auch im Weltraum gültig feiern. Mir kommt es so vor, als ob man die Nähe Gottes im Luftraum oft deutlicher spüren kann als am Boden. Ohne dass man schon direkt in den Himmel möchte.

*

Geistesgegenwart in mehrerlei Hinsicht benötigen wir auch am Airport in den Räumen der Seelsorge. Diese Einsicht verdanke ich dem bescheidenen Armenbischof von Recife in Brasilien, Dom Helder Camara. Wir stehen in meinem Sprechzimmer, sind schon aufgestanden, weil sein Atlantikflug aufgerufen wurde. Er fasst mich mit beiden Händen, schaut mich an und sagt: »Kommt ein Mensch mit seinen Sorgen und Schwierigkeiten zu mir, dann spreche ich zunächst nicht mit ihm über Gott, sondern ich spreche mit Gott über ihn. Tun Sie das auch.« An diesen Satz erinnere ich mich jeden Tag.

Mutter Teresa hielt es nicht anders. Was sie tat, geschah für die Menschen, die sie im Gebet Gott empfahl.

Wir können nichts geben, was Gott uns nicht zuvor geschenkt hat. Und schenken wir seine Nähe, Mühe, Güte und Liebe weiter, dann bekommen wir meistens reichlich zurück.

»Auch Gott kommt an«, wird unser Motto für die Seelsorge am Flughafen. Davon sind wir überzeugt. Gott landet auf der Erde, das feiern wir an Weihnachten. Er kommt, um uns einzuladen. Nicht wir kommen zu ihm, nein, Gott kommt zuerst zu uns, von sich aus. Er bleibt nicht bei sich, sondern geht aus sich heraus. So ist er auch am Flughafen zu finden. Er ist präsent beim Gottesdienst und im Tabernakel unserer Flughafenkapelle, aber den ganzen Tag über und auch nachts kommt er mit jedem Menschen an, der in Frankfurt landet. Man muss nur einen Blick dafür haben. Den Blick des Herzens. »Wer Augen hat zu sehen, der sehe«, heißt es in der Bibel. Aber kommt Gott wirklich bei uns an? Das hängt von jedem Einzelnen ab. Ob er ›Ja‹ zu ihm sagt und ihn aufnimmt. Gott drängt nicht und drängt sich nicht auf.

Den inneren Blick dafür erneuere ich täglich in der Kapelle. Dort wird mir bewusst, woher meine Kraft kommt, um für andere da zu sein. Ich finde die Kraft im Gottesdienst, im Gebet, in der Meditation. Sie stehen allen zur Verfügung, ich habe kein Vorrecht gegenüber anderen. Wer will, kann sich stärken. Gott hilft dazu, wenn ich das Meine tue. So verausgabe ich mich im Vertrauen auf ihn. Jesus, mit dem ich unterwegs sein will, hat das genauso gemacht. Oft bin ich abends so müde, dass ich ins Bett falle. Schlafprobleme habe ich nicht. Das ist Gnade: Ich habe ein Dach über dem Kopf, ein warmes Bett. In der Frühe kann ich ausgeruht wieder an die Arbeit gehen. Ich vertraue auf Gott und bleibe gelassen, weil ich offen für das Geheimnis des Glaubens bin: Jesus hat am Kreuz das Leid durchgehalten und den Tod besiegt.

Der große Adler

Die Nazis haben ihr eigenes Kreuz. Sie wollen nicht, dass man sich selbst oder Gott treu ist, sondern ihnen. Und zwar bis in den Tod. Komm zu uns, sagen sie, geh mit uns, hier sind die Hemden und Blusen, die Uniformjacken mit unseren Abzeichen. Zieh sie an und bleib ihnen treu. Bei uns bist du jemand. Gewiss, aber wer? Darauf kommt es an. Einer meiner Onkel zieht gutgläubig die Wehrmachtsuniform an. Er ist ein guter Schütze und wird dafür ausgezeichnet. Im Musikkorps der Luftwaffe steigt er zum Tambourmajor auf. Bei einem Vorbeimarsch vor Adolf Hitler muss er den Tambourstab so hochwerfen, dass er sich mindestens dreimal in der Luft dreht, und ihn wieder sicher auffangen. Das übt er tausendmal. Es klappt. Wir Kinder sind beeindruckt. Er nimmt seine Aufgaben aus Treue zu seinem Wort ernst. Am Ende wird er betrogen. Er war treu. Seine Treue wurde missbraucht. Das Böse macht die Treue schlecht. Man kann sich nicht hinter ihr verstecken.

Ich setze mein Leben auf Gott, lasse mich auf ihn ein. Er betrügt nicht. Er ist die Wahrheit und das Leben. Gott lässt sich an Großmut nicht überbieten. Bei ihm wird man nicht enttäuscht. Davon bin ich überzeugt. Und diese Überzeugung trägt, wenn am Flughafen ein neuer Tag beginnt. Gott ist bei mir angekommen. Er ist da.

In der Bibel kommt das Fliegen an unerwarteten Stellen vor. Im 90. Psalm heißt es: »Unser Leben währt siebzig Jahre, und wenn es hochkommt, sind es achtzig. Das Beste daran ist nur Mühsal und Beschwerde, rasch geht es vorbei, wir fliegen dahin.«

Ich bin schon gut über neunzig, das hat der Psalmdichter nicht einmal vorgesehen. Die Jahre vergehen wie im Flug. Das ist wahr. Wird man älter, spürt man das deutlicher. Und daran will der Sänger des Liedes erinnern.

Im letzten Buch der Bibel, der rätselhaften Offenbarung, heißt es in Kapitel zwölf: »Der Frau wurden die beiden Flügel des großen Adlers gegeben, damit sie in die Wüste an ihren Ort fliegen konnte.« Dort ist sie sicher. Ein beliebter Slogan, den man an Rückfenstern von Autos lesen kann, lautet: Fahre nicht schneller, als dein Schutzengel fliegen kann.

Ich versuche das. Und ich weiß, in Gefahr bin ich nicht allein.

Selbst zu fliegen, wie die Vögel des Himmels, ist eine uralte Sehnsucht der Menschheit. Angefangen bei Ikarus bis heute. Fliegen bis zum Mond und demnächst bemannt zum Planeten Mars. Ist das Hybris? Vermessenheit? Schwer zu sagen. Ikarus ist abgestürzt. Er fliegt zu hoch. Er kommt der Sonne zu nahe, seine Wachsflügel schmelzen, und er stürzt ab. Auch viele andere wollen fliegen, mancher bezahlt den Wagemut mit seinem Leben. Der Mensch ist nicht zum Fliegen geboren. Das sehe ich nüchtern. Aber, das Fliegenkönnen gehört in meinen Augen dennoch zur Größe des Menschen und damit seines Schöpfers. Der Wunsch zu fliegen ist in uns lebendig. Und weil wir es wollen, werden wir es auch weiter tun. Das Fliegen entfernt uns nicht von Gott. Es bringt ihn uns näher.

Die Flügel des Morgenrots

Bei einem Nachtflug schaue ich durch das Bordfenster und erlebe, wie die Maschine die dunkle Wolkenwand durchbricht und wir der Sonne entgegenfliegen.

Es gibt kaum einen Horizont, denke ich, der nicht überschreitbar wäre. Manche Wissenschaftler haben unsere Perspektiven erweitert. Ich denke beispielsweise an Sir Alexander Fleming, Bakteriologe und Nobelpreisträger, der das Penizillin entdeckt hat. Als er in New York als großer Erfinder gefeiert wurde, soll er in seiner Dankrede gesagt haben: Ich habe gar nichts erfunden. Ich habe nur entdeckt, was Gott in seiner Schöpfung verborgen hat. Von gläubigen Wissenschaftlern können wir lernen. Als Yuri Gagarin 1961 als erster russischer Weltraumfahrer auf die Erde zurückkommt, wird er angeblich gefragt, ob ihm Gott begegnet sei. Nein, soll er geantwortet haben, das ist ausgeschlossen, denn es gibt ihn ja nicht. Als Flughafenseelsorger sage ich: Es gibt ihn. Aber man kann ihn auch im Weltraum nicht sehen. Er ist auch kein Stern, er hat den Weltraum und die Gestirne alle erschaffen. Aber um das zu verstehen, bedarf es eines gläubigen Herzens. Wie der kleine Prinz von Antoine de Saint-Exupéry sagt: »Man sieht nur mit dem Herzen gut.«

Die grenzenlose Freiheit am Himmel, über den Wolken und im Weltraum berührt. Dass es hinter dem Horizont weitergeht, kann jeder ohne langes Reden im Flugzeug erfahren. Von Passagieren höre ich immer wieder: Je höher ich komme, umso mehr staune ich über das, was ich sehen kann, und spüre dahinter Gott. Umso mehr bin ich überzeugt, dass es ihn gibt, umso mehr weiß ich, dass er mich trägt und beschützt. So wie es in Psalm 137 heißt: »Nähe ich Flügel der

Morgenröte …« Und der Heilige Geist Gottes wird in der Bibel mit einer Taube verglichen, die sich in die Lüfte erheben kann.

Mühsam ist es zu begreifen, wie ein 350 Tonnen schwerer Airbus oder eine Boeing die Schwerkraft überwinden kann. Es ist eine faszinierende Erfahrung für uns, die wir der Schwerkraft ausgesetzt sind, wenn wir dem Gewicht der Welt, der Erde entfliehen können. Flugtechnik zersetzt den Glauben nicht, im Gegenteil. Wenn uns die Welt zu Füßen liegt, bringt uns das eher zum Staunen. Mit dem Staunen beginnt das Herz zu sehen. Im Luftraum, wenn wir ein Gefühl für den ganzen Planeten bekommen, ist das möglich wie nirgendwo sonst. Vieles, was uns einschränkt, wirkt da auf einmal nicht mehr wichtig.

Luftbrücke

Ich bin nicht der einzige Seelsorger auf dem Gelände des Frankfurter Airports. Die amerikanischen Soldaten und ihre Familien, die auf der Südseite des Airports leben, werden von der »Military Airbase« aus durch ein gutes Dutzend amerikanischer Militärgeistlicher verschiedener Denominationen und Religionen betreut. Auch auf der »Base« gibt es eine schöne Kapelle und verschiedene Seelsorgeräume. Als Pfarrer auf der zivilen Seite des Airports pflege ich die Verbindung zu den Geistlichen, den Soldaten und ihren Familien. Die wechselseitigen Einladungen und Besuche sind ein Segen für beide Seiten. Wir kommen uns nahe, wir erleben, wie weit und vielfältig die Gemeinschaft der Gläubigen ist, und wir helfen einander immer wieder. So bilden wir etwas von der Breite des Miteinanders auf einem internationalen Flughafen ab. Das wirkt sich auf den Umgang mit den Fluggästen aller Länder aus.

Ein amerikanischer Pilot beeindruckt mich besonders. Ich habe ihn öfter persönlich getroffen und gesprochen. Colonel Gail S. Halvorsen ist der letzte noch lebende Pilot der »amerikanischen Rosinenbomberflotte«. Direkt nach dem Krieg haben wir Deutsche keine eigene Luftfahrt. Es fliegen Flugzeuge anderer Staaten über Deutschland, nun ohne tödliche Fracht. Vom Juni 1948 bis zum Mai 1949 versorgen amerikanische, britische und französische Piloten vor allem von Frankfurt aus als »Luftbrücke« das durch die Sowjetunion abgeschottete Berlin mit allem Notwendigen. Halvorsen war oft dabei. Im Frankfurter Flughafen feiern wir die runden Jahrestage dieses Ereignisses.

Unter Umgehung aller Vorschriften warf Halvorsen an kleinen Fallschirmen über Berlin Süßigkeiten für Kinder ab.

Seine Augen strahlen, wenn er von »damals« erzählt. Alle drei Minuten überflog eine Maschine die Stadt. Damit die Kinder sein Flugzeug erkennen konnten, hatte Halvorsen ihnen angekündigt, er würde mit den Tragflächen »wackeln«, ehe er die Schokolade abwirft. Das trug ihm den Spitznamen »Onkel Wackelflügel« ein.

»So können aus ehemaligen Feinden Freunde werden«, sagt eine alte Dame aus Berlin-Friedenau. Als Siebenjährige bat sie Halvorsen, den sie ihren »Schokoladenonkel« nennt, in einem Brief, ihr ein solches Fallschirmchen in den Garten zu werfen. Er schrieb ihr zurück – mit einem Kaugummi im Umschlag. »Es war eine harte Zeit«, erinnert sie sich, als wäre es gestern gewesen: »Wissen Sie, 200 Meter Luftlinie von uns entfernt ist gleich zu Beginn der Luftbrücke ein Flugzeug abgestürzt. Die Piloten haben nicht überlebt. Das löste einen Schock aus. Wir dachten wirklich, die Amerikaner geben das ganze Vorhaben jetzt auf. Als Deutsche haben wir uns sehr schlecht gegenüber dem Rest der Welt benommen. Und dennoch wird uns geholfen, um überleben zu können. Den politischen Hintergrund habe ich als Kind nicht gesehen, nur, dass da Menschen sind, die uns helfen wollen. Das ist übrig geblieben: Man muss auf Menschen, auf Kinder zugehen, um etwas zu bewirken. Man muss zusehen, dass man das Gute im Menschen sieht. Kinder, eigentlich alle Menschen sind erst einmal gut.« Und noch etwas: »Die Freiheit wird einem nicht einfach geschenkt. Man muss darum kämpfen, dafür vielleicht sogar auch sein Leben einsetzen, wie diese Piloten.«

Halvorsen, nun über 100 Jahre alt, erzählt: »Die Kinder haben angefangen, nicht ich!« Er habe nach einer Landung Kindern durch einen Stacheldrahtzaun zwei Stück Kaugummi gegeben und dachte, sie würden weiter betteln und jeder für sich so viel wie möglich einheimsen. »Stattdessen teilten sie die Kaugummis, hielten einander das Kaugummipapier hin und rochen andächtig daran. Dieser Moment hat mein Leben verändert. Die Bescheidenheit dieser Kinder hat mich tief getroffen. Ich begriff, worauf es ankommt. Der Schlüssel zum Glück ist die Dankbarkeit. Die Dankbarkeit der Kinder hat mich in jener Stunde verändert. Bei der Aktion Luftbrücke habe ich erkannt, dass ein glückliches Leben nur möglich ist, wenn man anderen dient.« Aus zwei Stück Kaugummi seien, so sagte er, am Ende über 20 Tonnen Süßigkeiten geworden, die er transportiert und in kleinen Fallschirmen abgeworfen hat.

Das alles konnte ihm niemand befehlen, es kam aus seinem Herzen. Mit Charme, Berufserfahrung und Begeisterung an der Freude anderer nimmt er die Schwierigkeiten mit aufgebrachten Vorgesetzten in Kauf. Dann wird seine Initiative gutgeheißen.

Es ist wie mit der Seelsorge, ich fühle mich als sein jüngerer Bruder. Es geht um Dankbarkeit und Bescheidenheit. Nachdenklich verlasse ich die Feier. Du hast überlebt, sage ich mir, und du liebst die Freiheit. Du hast erlebt, wie es ist, wenn Zwang und Drill, Gewalt und Hass an die Stelle von Freiheit treten. Diese Wunden bewahren dich als Seelsorger davor, andere leichtfertig zu verletzen. Wie oft muss ich in der hohen, hell ausgeleuchteten Eingangshalle des Airports mitten im Stimmengewirr daran denken.

Am Boden

Mir scheint, nicht erst das Coronavirus hat die Fliegerei krank gemacht. Schon vorher wurde, ganz ohne Gesichtsmasken, der Flughafenbetrieb unangenehmer, die Stimmung in den Maschinen gereizter. Abflüge und Landungen folgten immer dichter aufeinander, was zu Verspätungen und Ausfällen von Flügen führte. Die Belastungen für die Umwelt, für den Menschen in den Ein- und Abflugschneisen des Frankfurter Flughafens sind in den letzten Jahren immer größer geworden. Ich habe zu meiner Zeit als Seelsorger einen immer dichter belebten, aber nie überdrehten Flughafen erlebt. Alles war im Griff.

Doch während dieser Virussperre zeigt sich: Geschäftliche Verhandlungen lassen sich auch per Videokonferenz und Telefon führen. Aber unmittelbare Begegnungen, bei denen Freundschaften wachsen können, bleiben auf der Strecke.

Ich erlebe, wie die Reisefreiheit leidet. Ein Vater in England kann nicht zur Geburt seines Kindes nach Deutschland kommen. Die Angst vor dem Fliegen bezieht sich plötzlich auf die Frage, ob man nach einem Familienbesuch im Ausland direkt den Rückflug antreten darf – oder ob die Grenzen dicht sind. In einem Monat gibt es nun so viele Fluggäste wie vorher an einem Tag, der Flugplan deckt sich weitgehend mit dem von 1955. Hunderte Maschinen, allein mit dem Kranich-Emblem der Lufthansa, stehen viele Flieger am Boden. Ein unheimlicher Parkplatz. Pilotenausbildungen werden abgesagt, Personal entlassen, Aufträge für neue Flugzeuge storniert. Während meiner Dienstzeit wurden die Flugnummern von drei auf vier Ziffern erweitert. Man könnte jetzt wieder spielend zweistellig auskommen, meint der Chef der Flughafengesellschaft mitten in der Krise.

An jedem Flugzeug hängen etwa 100 Arbeitsplätze. Manch junger Pilot hat für seinen Job 60 000 Euro investiert. Hoffentlich kann er momentan wenigstens Impfstoffe oder andere Transportgüter fliegen. Ein früherer Kollege erzählt mir, sein Jüngster, ebenfalls Pilot, wolle umsatteln und bei seinen Vorkenntnissen als Seiteneinsteiger Physiklehrer werden. Ein Mechaniker, der, wie er sagt, schon alles, was es an Flugzeugen gibt, zusammengeschraubt hat, versucht, bei der Bahn anzuheuern. Schade. Mit dem Fliegen ist es erst einmal vorbei.

Ich sehe mich als kleinen Buben in unserer Küche stehen. Mir ist langweilig, ein trüber Tag. Meine Mutter sagt nichts, holt einen Bogen steifes Schreibpapier. Wir setzen uns an den Küchentisch. Mit geschickten Händen faltet sie das Blatt. Rumpf, Tragflächen – ein Flugzeug, staune ich. Ich fasse das Gebilde an der mittleren Falte, hole aus und lasse es durch die Küchentür fliegen. Es landet im schmalen Flur. Ich springe hinaus, lese es auf und laufe zum Fenster.

Weit ausholend schicke ich es in den grauen Himmel. Der Flieger dreht sich leicht, bleibt aber im Gleichgewicht. Er sinkt, von keinem Seitenwind gefährdet, in weiten Spiralen die Stockwerke hinunter und setzt, ohne sich mit der Spitze zu verfangen, auf der Wiese vorm Haus auf. »Ein gelungener Jungfernflug.« »So nennt man das.« Ich eile die Treppenabsätze hinunter. Als ich vor die Haustür trete, sehe ich, wie ein älterer, dunkel gekleideter Herr mit der rechten Hand den Papierflieger zerknüllt und in einen Abfallkorb wirft. So endet jäh mein allererster Traum vom Fliegen.

Und heute? Der Flugbetrieb wird sich nicht weiter wie bisher zweimal in einer Generation verdoppeln. Dafür hat die weltweite Krise gesorgt. Und die Notwendigkeit, der zunehmenden Erderwärmung etwas entgegenzusetzen, liegt auf der Hand. Grenzenloses Wachstum – das ist keine Perspektive. Wir werden uns einschränken müssen, wenn wir die Verantwortung für zukünftige Generationen ernst nehmen. Der Bau des dritten Terminals am Frankfurter Flughafen verschiebt sich. Ein Riesenflieger, wie den Jumbo 787, einst mit einem lebenden Elefanten in der Flugzeughalle gefeiert, soll nicht mehr gebaut werden. Methoden, Prozesse und Perspektiven der Vergangenheit lassen sich nicht mehr anwenden, meint der Lufthansa-Chef. Die Entwickler versuchen, den Ausstoß von Schadstoffen aus den Triebwerken zu vermindern. Es soll sparender und mit Biotreibstoffen geflogen werden. Elektroflugzeuge für zehn, fünfzehn Passagiere könnte es irgendwann im Regelverkehr geben. Für die Reichweite solcher Flugzeuge sind die Erdteile allerdings zu weit voneinander entfernt, ist unser Planet zu groß.

Wie soll ich da nicht an den Abbau in meiner Kirche denken. Vieles, was sich eingebürgert hat, was überzogen und überreizt wurde, erübrigt sich, weil es aus der Zeit gefallen ist. Außerhalb der kirchlichen Bewahrer und Behörden trauert dem kaum einer nach. Ergriffenheit, Kühnheit und Wagemut sind angesagt und notwendig. So entsteht Raum für Neues, für Erfindungsreichtum und Fantasie auf dem einfachen, tragfähigen Grund der großen, weiten Tradition. Es braucht Faszination und Abenteuer, auch im Raum der Kirche. So sehe ich das. Wie wir mit unserer Sehnsucht und der der Menschen umgehen, entscheiden nicht Konzernführung oder Kirchenleitung, sondern wir.

Es fehlt nicht an Menschen verschiedenster Herkunft, die sich die Frage stellen, was uns, ganz wörtlich genommen, weiterbewegen wird. Warum soll es heute im Land weniger Menschen als früher geben, die sich engagiert und sachgerecht am gesellschaftlichen Miteinander beteiligen, so wie man auch auf einem Flughafen einander zuarbeitet und sich ergänzt? Alltagspragmatismus bewahrt davor, Ideologen und Extremisten ins Garn zu gehen. Das kann, wer will, aus der Kirchengeschichte und der Geschichte anderer Religionen bis in die Gegenwart lernen. Dazu müssen alle ihr Auskommen haben, auch nach den Verheerungen einer Seuche, wie sie jederzeit ausbrechen kann. Und ein bisschen Fliegen sollte immer dabei sein, wie es die Gottesdienstbesucherin auf dem Flughafen damals so schön formulierte.

Dem Himmel so nah

Ich habe nie daran gedacht, ein Buch zu schreiben, es gibt so viele. Aber es ist vielleicht doch gut, einige Erinnerungen für die jüngeren Leute zu hinterlassen. Es kommt nicht von ungefähr, wenn wir selbstbestimmt leben können. Dafür öffnet uns auch ein Virus die Augen. Schaut euch um. Ihr könnt nichts voraussetzen und nichts festhalten. Es gehört Mut und Selbstvertrauen dazu, zu dem zu stehen, was einen tief im Innern ausmacht. Was Gott in uns gelegt hat und am Leben hält, wie ich es sagen würde.

Auf die Frage: Was würden Sie in Ihrem Leben anders machen, wenn Sie die Möglichkeit dazu bekommen würden, antworteten viele, die ich dazu frage: »Wir hätten viel mehr selbstbestimmt leben müssen.«

Wenn ich nichts anfange, kann ich nichts zu Ende bringen. Also muss ich selbst versuchen, den Anfang zu wagen, und auf ein gutes Ergebnis hoffen. Gelingt es nicht, mache ich einen neuen Anlauf. Dieses Buch gehört den Neugierigen. Den Menschen, die wissen wollen, was sich hinter dem Buchdeckel mit meinem Foto verbirgt.

Die Menschen dort abzuholen, wo sie stehen – vielleicht ist es ganz einfach das, was ich jahrzehntelang auf dem Rhein-Main-Flughafen versucht habe. Ob es mir gelungen ist, muss ich einstweilen nicht wissen. Ich bin voller Vertrauen, es zu erfahren, wenn Gott mich zu sich holt.

Des Öfteren wurde ich gefragt: Wer wohl mein persönliches Leitbild in der zivilen Luftfahrt sei? Es ist der französische Flugpionier, Poet und Schriftsteller Antoine de Saint-Exupéry. Er und einige andere Männer, etwas später auch Frauen, waren extrem mutig. Sie wagten sich mit klapprigem, störanfälligem Fluggerät in die Lüfte, um sich ihren Traum vom Fliegen zu erfüllen. Immer wieder gab es Bruchlandungen, und nicht alle gingen gut aus. Auch Saint-Exupéry musste mehrfach in der Wüste Nordafrikas notlanden. Mehrmals geriet er in große Gefahr und drohte in der Wüste umzukommen. Einmal wurde er in letzter Minute gerettet und kam anschließend in ein Krankenhaus nach Algier. Dort besuchten ihn seine Angehörigen aus Frankreich und baten ihn, doch endlich mit der Fliegerei aufzuhören. Er antwortete ihnen, dass er das nicht kann, denn die Landsleute in Zentralafrika warten auf Nachrichten von ihren Angehörigen. Sie strahlen vor Freude, wenn sie einen Brief oder ein Päckchen von zu Hause bekommen. Und sie wollen ihre Freude auch mit denen, die sie lieben, teilen. Wer das erlebt und gesehen hat, darf und kann diese Menschen nicht enttäuschen, sie einfach nicht im Stich lassen.

Dann sagte Antoine de Saint-Exupéry: Ihr braucht euch um mich keine Sorgen machen. Gewiss, ich kann wieder einmal vom Himmel fallen, aber ich kann nie tiefer fallen als in die Hand eines barmherzigen Gottes.

Kleine Geschichte der Fliegerei in Deutschland

Wie kam es überhaupt dazu, dass gerade in Frankfurt ein Flughafen entstand? Die zivile Luftfahrt hat in dieser Stadt eine langjährige Tradition. Die Rhein-Main-Metropole war von jeher aufgeschlossen für das Verlangen der Menschen, selbst fliegen zu können, wie die Vögel des Himmels. Am 3. Oktober 1785, also zur Zeit eines Johann Wolfgang von Goethe, stieg zum ersten Mal in Deutschland ein Mensch in die Lüfte auf. Es war Jean-Pierre Blanchard mit seinem Heißluftballon. Ausgangspunkt des Fluges war Frankfurt am Main. Weitere Ballonflüge folgten, unter anderem über den Ärmelkanal. Im Jahr 1900 startete das erste lenkbare Luftschiff in Friedrichshafen – und drei Jahre später das erste Motorflugzeug in Kitty-Hawk/USA.

Auf dem Rebstock-Gelände in Frankfurt entsteht ein Zeppelinflughafen. Kaum ein Jahrzehnt später findet ein Großereignis besonderer Art in der »Kaiserlichen Freyen Reichs-, Wahl- und Handelsstadt« Frankfurt am Main statt, die »Internationale Luftschifffahrts-Ausstellung (ILA)« 1909. Mit Luftschifffahrten, Ballonaufstiegen und Wettbewerbsflügen von Motorflugzeugen. Im Jahr darauf startet der erste Überlandflug eines Motorfliegers in Deutschland auf dem Rebstockgelände und landet in Mainz. 1924 werden zum ersten Mal zahlende Fluggäste befördert. 536 Personen gelangen bei 234 Starts und Landungen von Frankfurt am Main-Rebstock nach Fürth und München. Das schnell wachsende Verkehrsaufkommen führt zehn Jahre später, 1933/34, zum Beschluss, den Flugplatz in Frankfurt neu zu bauen. Am 8. Juli 1936 wird er offiziell der Öffentlichkeit übergeben und nimmt den Flugbetrieb auf. Die »Frankfurter Jahre« der Zeppelinfahrten nach Nord- und Südamerika sind im Frühjahr 1940 aber schon wieder vorbei. Die Wartungshallen werden gesprengt und die beiden noch existierenden Zeppeline LZ 127 »Graf Zeppelin« und LZ 130 »Graf Zeppelin II« abgewrackt. Während des Zweiten Weltkrieges dient der Rhein-Main-Flughafen vor allem der deutschen Luftwaffe als Militärstützpunkt. Erst im März 1948, drei Jahre nach dem Ende des Krieges, startet in Frankfurt zum ersten Mal wieder ein ziviler Motorflug nach Berlin. Es ist keine deutsche Maschine. Das Vier-Mächte-Abkommen enthält einen Passus, nachdem es der Lufthansa nicht erlaubt ist, Flughäfen in Mittel- und Ostdeutschland anzufliegen, auch nicht Tempelhof oder später Tegel in Westberlin.

Die Amerikaner bleiben auf der Südseite des Areals. Das ist eine Besonderheit in Frankfurt/Main. Dieser Teil des Flughafens wird von der US-Airforce benutzt, vornehmlich als Logistikbasis für amerikanische Truppen im Atlantikbereich. Zahlreiche amerikanische Soldaten sind dort stationiert. Für ihre Familien entsteht in Flughafennähe ein eigener kleiner Stadtteil, »Gateway Garden«. Auf der Nordseite hat sich der Zivilflughafen entwickelt. Die »runways«, die Start- und Landebahnen, stehen beiden Seiten zur Verfügung.

1950 weht zu Pfingsten auf Rhein-Main, neben der amerikanischen Flagge, zum ersten Mal nach dem Zweiten Weltkrieg wieder die Flagge der Bundesrepublik Deutschland. 1955, zehn Jahre nach Kriegsende, gewinnt die Bundesrepublik auf ihrem Gebiet die eigene Lufthoheit zurück. Da der Luftverkehr nun sehr schnell und stark anwächst, wird 1965 der Grundstein für ein neues Terminal gelegt, das heutige Terminal I, damals »Terminal Mitte« genannt.

Nach sieben Jahren steht der gewaltige Neubau fertig da. Am 14. März 1972 wird er der Öffentlichkeit übergeben. Frankfurt Rhein-Main ist unversehens zum internationalen Großflughafen geworden. Mit der Eröffnung des Terminals 1 beginnt der Seelsorgedienst. Ein neuer Anfang.

Flughafenseelsorge

Wie kam die Kirche auf die Fliegerei? 1920 stellte Papst Benedikt XV. die zivile Luftfahrt unter den Schutz der »Madonna von Loreto«, einem italienischen Wallfahrtsort. Das zeigt, dass die katholische Kirche nicht immer im Bremserhäuschen der Geschichte saß und allem Fortschritt zunächst abweisend begegnete. Im Gegenteil. Sie war oftmals ganz vorne mit dabei, wo sich neue Entwicklungen zeigen, und hat es verstanden, nicht ins Hintertreffen zu geraten. Im Jahr 1936, als der »Frankfurter Flug- und Luftschiffhafen Rhein-Main« in Betrieb geht, beginnt die Kirche, sich erkennbar für die zivile Luftfahrt in Deutschland zu interessieren. In diesem Jahr starten die Luftschiffe LZ 127 und LZ 128 »Hindenburg« zu regelmäßigen Überseeflügen.

Beim ersten Flug der »Hindenburg« ist Pater Paul Schulte von den Hünfelder Oblaten unter den Fluggästen, der »Fliegende Pater«, wie man ihn später nannte. Der zweite Flugtag fällt auf den 8. Mai 1936, Festtag des heiligen Erzengels Michael. Ihm zu Ehren liest Pater Schulte im fliegenden Zeppelin vor Passagieren und vielen Journalisten die heilige Messe. Es ist die erste, die im Luftraum gefeiert wird. Papst Pius XI. hatte dafür persönlich die Erlaubnis erteilt. Zum großen Ärger der Nationalsozialisten findet das Ereignis weltweit und insbesondere in den USA hohe Beachtung. Michael ist für Nazis ein sperriger Engel, der allein mit seinem Namen schon die Frage stellt: Wer ist wie Gott? Leider finden Zeppelinpassagierfahrten schon ein Jahr später fürs Erste ein jähes Ende. LZ 129 geht am 6. Mai 1937 in Lakehurst/New York/USA in Flammen auf.

An geregelte Flughafenseelsorge ist im sogenannten Dritten Reich nicht zu denken. Auch anderswo kommt noch niemand auf die Idee, sich der Fluggäste und der Mannschaften vor Ort seelsorglich anzunehmen. Weltweit gesehen reicht diese Art von Seelsorge nur bis in das Jahr 1953 zurück. Sie verdankt sich einem Kuriosum. Im Gegensatz zu heute gibt es damals viel zu viele Priester. Nach dem Ende des Koreakriegs hat der Kardinal von Boston mehr Pfarrer als Pfarrstellen und will doch alle in Arbeit und Brot bringen. Da kommt er auf die ungewöhnliche Idee, zwei oder drei der überzähligen Priester an den Logan-Airport zu schicken. Schnell entpuppt sich die Verlegenheitslösung als vortrefflicher, zukunftsträchtiger Einsatz. Kaum zwei Jahre später beginnt die Seelsorge auf dem New Yorker Flughafen.

1965 reisen die Bischöfe der katholischen Weltkirche zum Zweiten Vatikanischen Konzil nach Rom. Die Kirche kann nicht mehr anders, als sich der Moderne zu stellen. Gott sei Dank findet sich mit Johannes XXIII. ein Papst, der mutig genug ist, die Versammlung noch kurz vor seinem Tod einzuberufen. Die Umsetzung muss er anderen überlassen, und wie dornig sich der Weg gestaltet, können wir erst heute ermessen. In Deutschland kommt es 1972, zehn Jahre nach dem Konzil, zur Würzburger Synode. Es geht bei diesem Konzil zuallererst um die Seelsorge. Neben den Beratungen zum Grundverständnis der Kirche dient die Versammlung als weltweite Ideenbörse. Die spielt sich vor allem in den weitläufigen Seitenschiffen der Basilika ab. Die Bischöfe kommen ins Gespräch. Auch die Idee der Flughafenseelsorge verbreitet sich nun von Nordamerika nach Europa. Das Konzil verabschiedet einen Passus, nachdem auch auf einem Flughafen Seelsorge stattfinden soll. Das versteht man in Paris am schnellsten und setzt es 1968 um. Es folgen London, Brüssel, Madrid und Rom.

Der internationale Ausbau vollzieht sich zusammen mit dem 1970 errichteten, rührigen »Päpstlichen Rat für die Menschen unterwegs« in Rom. »Migranten, Verbannte, Flüchtlinge, Fischer und Seeleute, Flugreisende, im Straßenverkehr Beschäftigte, Zirkusleute und Schausteller, Pilger und Touristen …« sollen die besondere Sorge der Kirche erfahren. Mit der ständig und schnell wachsenden Mobilität in der Welt wird die päpstliche Kommission mehr und mehr aufgewertet.

Mit dem Tag der Eröffnung des Frankfurter Terminals 1 gilt es 1972 nun auch in der Bundesrepublik Deutschland in diese Praxis einzusteigen. Vielleicht auch im Hinblick auf die in München ausgerichtete Olympiade, so könnte man augenzwinkernd sagen. Jedenfalls kam der Bischof von Limburg, Wilhelm Kempf, auf meine geistliche Gemeinschaft, die Pallottiner zu, mit der Bitte, einen Seelsorger für die Flughafenseelsorge in Frankfurt zur Verfügung zu stellen. Unser Oberer, Pater Ludwig Münz, zögerte nicht lange. Er bat mich zu sich und sagte: »Wir suchen einen Seelsorger für den Flughafen Frankfurt. Sie sind der richtige Mann dafür.«

Foto: Ralf Baumgarten

Pater Walter Maader, Jahrgang 1928, trat 1952 der vom heiligen Vinzenz Pallotti gegründeten kirchlichen Laien- und Priester-Vereinigung bei. Nach der Tätigkeit als Gemeindeseelsorger wechselte er 1972 an den Frankfurter Flughafen, wo er die erste Flughafenseelsorge Deutschlands aufbaute und 31 Jahre leitete. Seinen Ruhestand verbringt er in Vallendar.

Für eine bessere Welt

Ihre Politik steht für Menschlichkeit und Achtung, für Haltung, Würde und Mut. Mit diesen Werten hat Rita Süssmuth als Ministerin unmenschliche Entscheidungen verhindert, sich mit den Mächtigen angelegt, Engstirnigkeit und Vorurteile entlarvt. Das neue Buch der beliebten CDU-Politikerin ist ein Aufruf an nachfolgende Generationen, ihr Schicksal nicht Blendern, Machtversessenen und Zynikern zu überlassen – sondern für die Freiheit und die Demokratie einzustehen.

Rita Süssmuth

Überlasst die Welt nicht den Wahnsinnigen

Hardcover · 112 Seiten
ISBN 978-3-96340-136-7
€ [D] 12,– · € [A] 12,40

gutes leben
bene!

Besuchen Sie uns im Internet:
www.bene-verlag.de

Aus Verantwortung für die Umwelt hat sich die Verlagsgruppe Droemer Knaur zu einer nachhaltigen Buchproduktion verpflichtet. Der bewusste Umgang mit unseren Ressourcen, der Schutz unseres Klimas und der Natur gehören zu unseren obersten Unternehmenszielen. Gemeinsam mit unseren Partnern und Lieferanten setzen wir uns für eine klimaneutrale Buchproduktion ein, die den Erwerb von Klimazertifikaten zur Kompensation des CO_2-Ausstoßes einschließt.
Weitere Informationen finden Sie unter: www.klimaneutralerverlag.de

FSC® www.fsc.org
MIX
Papier aus verantwortungsvollen Quellen
FSC® C083411

Originalausgabe September 2021

Ein Imprint der Verlagsgruppe
Droemer Knaur GmbH & Co. KG, München.

Textgestaltung: Klaus Hamburger
Lektorat: Daniel Schneider und Stefan Wiesner
Gestaltung: Maike Michel
Coverfoto: Ralf Baumgarten
Alle Fotos im Innenteil © Fraport AG, Frankfurt am Main.
Mit freundlicher Genehmigung des Fotoarchivs der Fraport AG.
Druck und Bindung: CPI books GmbH, Leck
ISBN 978-3-96340-169-5

5 4 3 2 1